經理人 07
Manager

# 許朱勝談隨需應變

台灣IBM公司總經理 許朱勝 著

臺灣商務印書館 發行

# 作者簡介

許朱勝

## 學歷

許朱勝先生畢業於台北工專電子工程科，並於1981年獲得美國史帝文斯理工學院電機碩士學位。爲了表彰許朱勝先生對母校及社會的貢獻，國立台北科技大學（台北工專改制）於2001年頒贈其「民國90年度傑出校友」身份。

## IBM 經歷

許朱勝先生於1982年加入IBM，擔任金融事業群業務代表，並於1987年，獲得IBM亞太總部頒發之「Tiger Award」，表揚爲1986年之最傑出業務人員。1987～1988年間，他轉任IBM公司教育中心，負責客戶高階主管資訊系統研討會及策略規劃等工作。隨後，他出任台灣IBM公司金融事業群系統工程經理、業務經理等職務。

在1993～1994年間，許朱勝先生被調至IBM東京亞太總

部，擔任亞太區金融業務推廣之工作。1995～1998年，他轉至香港IBM出任金融事業群總經理、IBM大中華區金融產品事業群總經理之職務。1999年，許朱勝先生出任台灣IBM公司金融事業群總經理兼新竹台中高雄地區總經理。

自1997年起，許朱勝先生擔任台灣IBM公司電子商業推動小組的召集人及廣通科技、宏瞻科技董事，負責推動電子商業。他不僅協助許多金融單位完成網路銀行的相關建置作業，更帶領台灣IBM公司電子商業團隊，建置完善的產業架構。

自2000年1月起，許朱勝先生擔任台灣IBM公司總經理，管理約1,500位員工，負責IBM在台灣地區的所有銷售、採購等業務。在許朱勝先生的領導下，台灣IBM公司曾獲勞委會肯定為「第一屆重視女性人力資源優良事業單位」；連續獲得《天下雜誌》「資訊服務類標竿企業」的桂冠；並且於2003年再次獲得「國家品質獎」的肯定，成為國內唯一兩次獲得此項殊榮的企業。

## 公共事務參與經歷

許朱勝先生積極促進國內技術的升級與研發，參與政府、民間之相關組織、協會，包括擔任行政院「國家資訊通信基本建設民間諮詢委員會」委員、經建會「法制改造推動諮詢委員會」委員、「中文數位化技術推廣基金會」董事以及「中美經

濟合作策進會」代表等。

　擔任企業發言人的角色，許朱勝先生對內運用各式溝通管道與員工交流，提升員工對公司的向心力；對外清楚傳遞IBM以電子商業協助台灣產業轉型的企業願景，成功地提升企業正面形象。因此，榮獲公關基金會 2002 年「優異企業發言人」獎項。

著作：

● 《經濟日報》「IBM 知識大學」專欄——經營管理、電子商業

● 《iThome電腦報》週刊（iThome Weekly）「名家專欄」——經營管理趨勢、電子商業趨勢

# 主編簡介

## 徐桂生

　　本名徐桂生，號則林，江蘇轂貽堂徐氏族譜排行「學」字輩，正名毅學，1943年出生在「山水甲天下」的桂林，成長在台灣；中國文化大學新聞系第一屆畢業，聯合報系《經濟日報》始終如一工作三十五年，任職於經濟副刊組主任二十年，迄至退休。

　　以「讀萬卷書，行萬里路，惜萬縷情」爲志趣，逾一甲子卻始知不易，寄望退休後，以浮生餘年爲所欲爲；其實，只不過做些想做的事而已。

　　《一條拉鏈拉出來的故事》、《美國名廠產銷管理案例》、《航在古運河上》、《酒鄉行——細說中國美酒‧佳餚‧名勝》、《吃魚‧觀蟹‧山水情》、《擁抱香格里拉》、《人生執行力》（「經理人系列」叢書）是已出版的書；快完成的有：《寵愛一生》、《戀戀楓情》、《世界真好玩》（歐美篇）；籌備中的：《畫說禪詩》、《讀史談管理》、《紅岩谷遊俠》、《年年有餘》等。

　　個人興趣：讀書、旅行，攝影、繪畫，酒、茶、咖啡與美

食，蒐集紀念章、紅葉與石子，並爲文與眾人分享；收養處理流浪動物也是三十年如一日的閒事。

處世心態：知足感恩，積極達觀，誠信仁義。

# 自序

## 為台灣隨需應變的轉型盡心力

自2000年接任台灣IBM公司總經理以來，我時常對IBM的員工說：如果在工作中，同時能對我們出生及成長的土地有所貢獻，將是我們最大的成就感來源，也是我們應擔負的使命。

也因為如此，2001年底《經濟日報》與IBM開始合作「IBM知識大學」專欄，雖然每天的行程滿檔，自己的專業也不在寫作，但當時的出發點，就是希望能將自己在IBM所接觸及了解的產業新知，以淺顯易懂的文字，介紹科技最新趨勢及導入實例，藉此提供台灣企業創新的思維，並且透過科技的應用，讓整體產業轉型再升級。

由於每隔一段時間就必須發表一篇文章，這樣的模式驅使自己多去思考台灣所面臨的問題，而全球IBM在各地的成功經驗又如何可對此提供幫助。這樣兩年多一點一滴的累積下來，期間我收到來自學校老師探詢是否可做教材之用，熱情的讀者亦投書報社肯定文章的實用性，許多業界朋友更起而效法，這些文章不僅成為IBM員工提供客戶服務諮詢的參考，也使我獲

得公關基金會頒發「優異企業發言人」的肯定。

我樂見自己的付出有所效用，但從未曾認真想過自己的作者身份，直到臺灣商務印書館要將這一篇篇文章集結成冊時，仔細清算字數，才發現自己竟也洋洋灑灑地書寫出了六萬多字的篇幅，而所觸及的內容，則幾乎含括了電子商業在各個產業的發展及應用。

談了許多的題目，目前最讓我心繫，相信也是大家最關注的，就是當我們大談國際競爭激烈，或是台灣就要被邊緣化時，台灣該往何處走的議題。在各界熱烈討論的聲浪中，我反而希望大家可以用另一角度思考：在新的世界經濟體系中，台灣可以扮演何種角色？也就是說，世界需要什麼樣的台灣？

平心而論，台灣擁有的土地、人口以及資源，都不足以讓台灣站上世界的主要舞台，但是仔細檢視台灣的優勢時，不難發現台灣產業擁有非常特殊的商業基因。從台灣企業的發展歷程看來，我們多元的中小企業文化，形成了非常具有彈性的聚落，隨時能配合全球市場變動，提供高效率的運籌服務，也因此曾經創造了輝煌的台灣經濟奇蹟。這些台灣企業特有的特質，恰巧與IBM所提出，同時也正努力轉型的方向——「隨需應變（on demand）」不謀而合，就是必須具備彈性、回應力、專注與復原力，簡單來說，不論客戶有什麼要求，或者外在環境發生任何變動，企業都能有效地針對不同的需求做出迅速合宜的回應。

從科技面來看，我們談到「隨需應變」的四個策略要件，是開放、整合、虛擬、自主。「開放」指的是所有人都使用同一套技術，或是所有的技術之間能相互連通與整合，以現況來看，我們的技術必須能互通、資源必須能分享，才能達到不斷進步的境界；「整合」談的不僅僅是連接不同的運算資源，類似連接使用者與伺服器交換資訊或對話這麼簡單，而是必須提供整合核心業務流程與系統的能力，以便業務能在企業內外之間流貫自如；「虛擬」則是讓電腦能進行多項計算工作、允許同一時間內有上百個到上千個使用者上線；另外，運算系統將會很快地複雜到人們無法有效地進行管理、組態、維護安全、最佳化與修復等工作，解決辦法就是一套類似人體的自律神經系統，一種能夠管理自己的新科技，也就是做到「自主」。

　　從非技術面來看，國家及企業的「隨需應變」轉型，其實也與以上四個策略要件息息相關，要以開放的心態，整合國內外人才與技能，善用超越國界「虛擬」的有形資源截長補短，進而有效地從事自主性管理。

　　當新的經濟體系開始向亞太區、大中華區位移時，全球需要一個樞紐、一個運籌中心。這個樞紐、運籌中心必須具備集中華人資金、製造、人才與文化的能力，同時，還得是一個極具創意、技術、營運加值與效率的平台。我相信，這是一個值得努力的目標，也是「台灣隨需應變」的終極目標。

　　誠如達爾文在《進化論》所提：「能生存下來的並不是那

些最強壯的，也不是那些最聰明的，而是那些能對變化做出最快反應的！」我期待透過大家一起來的力量，台灣可以「隨需應變」，適時對競爭環境做出反應，成為世界所需要的台灣。

感謝臺灣商務印書館、前經濟日報副刊徐桂生主任，以及所有協助出書的IBM同事們，將我所有投稿的文章編輯成更有組織、有系統的篇章，也在此感謝林逢慶委員、楊世緘董事長、許士軍教授等先進，在坊間琳瑯滿目的科技管理出版物中，能特地撥冗替本書撰寫專文推薦。

IBM成立的時間與中華民國同齡，IBM的轉型之路也足為台灣當前突破發展瓶頸的借鏡，這些巧合讓我感到十分幸運，因為自己就能夠在每天的工作中，在每一次完成的文章裏，實踐自己對這塊土地的承諾。深刻地期望透過這本書，能再盡個人實踐「台灣隨需應變」願景的棉薄之力，讓更多台灣企業受用，成功轉型，成為全球競爭下的佼佼者。

台灣IBM公司總經理　許朱勝

# 推薦序(一)

## 「合時宜」的企業管理模式

第一次聽到「隨需應變」，讓我想起一個故事。

宋朝蘇東坡有天退朝回家，在庭院裡散步時，突然指著自己的肚子問身旁的侍妾說：「誰知道這裡面裝了些什麼？」

一位侍妾說：「您肚裡都是文章。」蘇東坡不以為然。另一位侍妾說：「您滿肚子都是見識。」蘇東坡也搖搖頭。直到蘇東坡最寵愛的侍妾王朝雲說：「大學士是滿肚子的不合時宜。」才讓蘇東坡開懷大笑。

就是因為「不合時宜」，所以蘇東坡在宋朝為官，屢屢抑鬱不得志，也是因為「不合時宜」，無論再好的計畫、再聰明的人才，都很容易被市場淘汰，因此我非常相信無論是做人、做事，乃至企業及組織管理，「合時宜」的舉措是非常重要的。記得幾年前許總經理在向我介紹「隨需應變」的理念時，他說「隨需應變」是希望未來企業及其IT應用，能夠如「隨需應變」般更具彈性，隨時可快速調整回應市場需求。我也認為這就是讓企業隨時能保持「合時宜」的狀態，持續隨時代演

進，如有機體一般，不斷因應變化而成長。

　　過去台灣廠商在IT產業衝刺時，最令國際激賞的，就是「彈性」。創造台灣經濟奇蹟的中小企業，憑著彈性、韌性和耐性，打造台灣今天在IT產業的地位。

　　在電子商業（e-business）時代，很多人喜歡談「Now or Never」，來突顯電子商業的迫切性。但事實證明，這是一個潮流，不是「Now or Never」可以一筆帶過。同樣地，「隨需應變」也是一樣，需要集結成一個文化，從而變成潮流，最後成為放諸四海皆準的標準。

　　許總經理身處IT產業，觀察台灣IT產業發展自有一套獨特的看法。從許總經理在《經濟日報》所發表的專欄文章中，我們會發現他時常引用客觀數據，並以實際操作案例分解說明，從紮實的內容來看，凸顯出一位高階經理人對意見表達的慎重。

　　除了IT產業，我相信許總經理早就對「台灣隨需應變」展開觀察。因為要真正做到「台灣隨需應變」，絕對不是只有IT層面的問題而已。我們可以在許總經理《許朱勝談隨需應變》這本書中看見IBM這樣一家公司的經理人，如何觀察產業、創新科技以及對企業進行管理。

　　這是許總經理長期經營台灣，甚至是觀察亞洲、全球市場的結晶，也因為《許朱勝談隨需應變》的出版，讓許總經理在職涯、生涯上留下了一份珍貴的紀錄。

最後，翻閱《許朱勝談隨需應變》一書，除了許多產業的觀察，我建議讀者仔細閱讀許總經理文字間對台灣的關懷。我深信如果沒有長期深入的觀察，與對國家、社會的關心，是無法精準切中要害，提出眞正對產業及國家發展有益的建言。

行政院政務委員 林逢慶

# 推薦序(二)

## 電子商業應邁入「隨需應變」的階段

　　台灣自從政府於1980年成立「資訊工業策進會」，積極倡導電腦與資訊的運用，並大力推動資訊電子工業的發展以來，無論是政府部門、製造業及服務業均快速邁入電腦化及自動化的境界，使台灣整體競爭力在世界上名列前茅。尤其自1990年起實施「促進產業升級條例」，對企業進行自動化與電腦化給予投資抵減的強力租稅獎勵，更使各行各業加速投資於自動化及電腦化的環境建設。

　　1996年筆者受命擔任行政院政務委員，並主持「國家資訊通信基礎建設計畫（NII）」，當時鑒於網際網路逐漸興起，其效力勢將無遠弗屆，因而提出「三年300萬人上網」的目標，並積極推動相關電信建設、電子商業、人才培訓等措施，結果提前九個月即達成目標，至今上網人數已占人口總數的40％。1996年時再提出「三年300萬寬頻上網」的目標，至今僅

ADSL使用數已近400萬，台灣在網際網路的應用水準已屬世界一流。

電子商業是當時推動網際網路相當重要的一環，為求迅速見到效果，特由行政院核定「企業電子化及自動化方案」，先針對我國工業的強項：個人電腦（包括桌上型及筆記本型電腦）產業，由經濟部工業局與技術處全力推動以網際網路為骨幹的電子商業。當時推動的有所謂「A、B計畫」，A計畫是由美商IBM、康柏及惠普等品牌公司與它們在台灣的供應商先連網作業；B計畫則由台灣主要供應商與它們的協力廠商加以連網，舉凡顧客下單到生產完成再到產品運送至客戶手中均由網網相連的商務電子來運作。「A、B計畫」推動至今已將近五年，效果非常顯著，從客戶下單到收到商品祇需三天時間，在台灣約有二千餘家廠商加入電子商務A、B計畫，全球超過80％的筆記型電腦均由台灣廠商供應，而台灣亦因網際網路及電子商業的推動，產生了一波所謂的「數位經濟」，其成就為各國所稱羨。

IBM公司在1990年代由電腦供應商轉型到整體服務導向的廠商，在甚多國際型大公司紛紛出問題時仍能屹立不搖。它除了企業本身的改造成功之外，也充分掌握了網際網路時代來臨的趨勢及各行各業電子商務方面的需求，以致它的全球業務依舊蒸蒸日上。IBM公司在台灣深耕近五十年，不斷引進資源及技術，對台灣的自動化、電腦化及 e 化貢獻良多。許朱勝兄在

台灣IBM公司擔任總經理以來，除了公司經營外，他不斷以專欄、演講等方式將其個人專精的智識及IBM的經驗與技術向國內各界推介，他的熱忱已遠超過總經理分內所該做的，若非基於對國家與這片土地的熱愛實無以致此，這種精神值得大家敬佩。

許朱勝兄將他多年來的論述編撰成《許朱勝談隨需應變》一書，其內容極爲豐富，尤其以三階段來論述電子商務，指出了台灣企業在電子商業方面當應更上層樓，邁入隨需應變的階段，更是值得大家重視與實踐。世緘拜讀之餘，樂爲之序。

全球策略投資管理公司董事長 楊世緘

# 推薦序(三)

## 實踐「隨需應變」的企業真諦

### 值得好好一讀的主要理由

平日我們讀到許多管理教科書，不能不說它們是好書，因為其內容完整、精闢、且系統化，然而遺憾的是，它們並沒有交代所陳述的內容適合那種外界環境和條件。我們也經常讀到許多成功企業的案例，它們生動、現實，而且栩栩如生，然而可惜的是，它們所呈現的，乃是特殊狀況下的解決辦法，並不能將這些辦法予以普遍化。

令人興奮的是，如今顯現在我們面前這本名為《許朱勝談隨需應變》的書所要告訴我們的，有其特定時代背景：那是建構於資訊數位化與網絡化的電子商業時代；同時，它也告訴我們也有一套可以普遍適用的經營理念和模式，那就是書名本身所顯示的：一種「隨需應變」的經營模式，僅憑這兩點，就構成了值得好好一讀這本書的主要理由。

書中所討論的IBM公司，相信對於今天世界上只要稍具常

識的人來說，都不會陌生。尤其在七〇和八〇年代中，它是電腦業獲利最高，且而被認為是管理最完善的「藍色巨人」。特別對於台灣讀者來說，IBM乃是一家最早進入我國的外商，在過去的五十年內，台灣IBM公司透過其龐大的採購和服務，為我國社會與產業界引入最先進的資訊技術與經營觀念，培育大量相關人才，帶領各類機構邁向e化。由於這些影響力量，我們幾乎可以說，對於台灣過去所締造的經濟奇蹟及產業發展，IBM這一外資企業有其一份重要貢獻。

## 主題：三個「I」

儘管這是一本只有二百多頁的書，但是其內容涵蓋多個層次，包括了電子商業時代環境、資訊科技在不同產業的應用、資訊科技發展以及電子商業時代下的企業經營管理等相關主題。而貫穿這些內容的，就是作者所標榜的三個「I」：創新（innovation）、整合（integration）和基本設施（infrastructure），幾乎所有討論都環繞在這三個主題之上。

從某一基本意義上看，上述主題，和杜拉克當年所給「企業」的定義有其密切吻合之處。在杜拉克那本劃時代的巨著：《管理的使命》（Management: Tasks, Responsibilities, Practices, 1974；天下雜誌）中，即曾明確指出，所謂「企業」，在本質上就是由「行銷與創新」兩個功能所構成，並藉

著這兩種功能為企業創造「價值」，至於其他功能，如生產、財務等等，都屬於「成本」。如果我們將杜拉克所說的，轉換為本書所使用的語言：所稱「行銷」就是發掘「需要」，「創新」就是「應變」，顯示IBM所採取「隨需應變」的做法已經將「企業」的精髓化為具體的現實。

## 「隨需應變」在整合

具體言之，IBM原是以提供電腦硬體——尤其是主機設備——起家的一家公司，但是它歷經考驗和挫折而仍能屹立於今日世界，主要即反映它所具備「隨需應變」的能力，也就是隨著外在時代環境的變化而調整本身所經營的業務。在過去歷史中，最為關鍵者，即在前任董事長兼執行長葛斯納（Lou Gerstner）手中，鑒於諸如UNIX之類系統之出現，原有那種由少數幾家電腦廠商以垂直系統瓜分市場的情況，轉變為由好幾萬家專精分工的廠商所取代。在這情況下，這些廠商各自針對整套方案中的某一部份提出自己的產品，表面上，這樣使得顧客可以獲得較低價格和較多選擇的利益，但是困難在於：他們必須設法將這些部分，整合成為一套對本身最適合的方案。十年前，IBM之所以能在葛斯納手中起死回生，主要就在於他看到了眾多顧客所面臨的這種問題和困難，因而致力於從顧客立場提供整合服務，並因此發現「中介軟體」（middleware）

的利基市場。這一由封閉式的內部「整合」走向開放式的外部「整合」的過程，就是「隨需應變」的最佳典範。

　　如今，進入二十一世紀，一方面，種種創新的經營和管理思維，如彈性化組織、學習型組織、知識管理等蔚成潮流；另一方面，電子商業也從提供資訊，進入到成爲交易媒介，而走到網格運算（grid computing）境界，使得「下一代電子商業基礎架構」（e-infrastructure）逐漸成形。在這新的情勢下，IBM所努力的，就是整合企業核心業務流程與系統，讓資料可以在企業內外之間流貫自如，而且能夠進行自我診斷、自我管理和自我修復，達到「整合」的另一層更高境界。

## 台灣IBM公司的卓越表現

　　以上所說的，乃就整個IBM公司的發展和經營策略而言，但是就「台灣IBM公司」這一在地成員而言，在一所謂「global reach, local touch」的潮流下，它一方面身爲世界性IBM大家族之一員，但是另一方面也配合在地的環境和需要：除了對於我國資訊產業及e化方面的卓著貢獻已如前述者外，並且提供了國內企業在經營管理上的一個學習標竿。在另一方面，這些年來，台灣IBM公司以本身卓越的經營和管理模式獲得榮譽無數，值得在此特別提及者，爲台灣IBM公司分別於1995年及2003年兩度獲得由政府頒發代表最高榮譽的「國家品質獎」。

尤其在1995年那一次，台灣IBM公司乃是當年首次開放服務業參選後第一家獲獎，而在2003年那一次，又是迄今為止唯一兩度獲獎的企業，可見台灣IBM公司在管理績效表現上所獲的高度肯定。

由於個人兩次都曾直接參與國品獎的評審，因而瞭解，台灣IBM公司之所以能夠在2003年再度獲獎，主要即和公司做到「隨需應變」的精神有密切關係。在這八年間，台灣IBM公司自追求「顧客最大滿意」提升到提供顧客「資訊整合服務」，並以「引領變革的代理人」自許，贏得評審專家的一致肯定，而這幾年來領導台灣IBM公司進行變革並獲得傑出成效的，不是別人，正是本書作者許朱勝先生。

許總經理自1982年加入台灣IBM公司以後，從業務代表做起，歷任經理、處長、事業群總經理到目前擔任的總經理職務，毫無疑問地，許總經理就是一般人所艷羨十足的「IBM人」的標竿，由於他對於IBM公司的深切瞭解和親身體驗，由他將這珍貴的心得著作成書發表，讓廣大讀者得以分享他的智慧結晶，這是一個難得的機會，值得我們好好從書中學習與應用。

元智大學遠東管理講座教授、中華民國管理科學學會理事長

# 目錄

# 第一部

# 隨需應變新趨勢

# 由電子商業
# 到隨需應變

## 電子商業的發展

電子商業發展迄今已近十年，許多企業仍無法享受其所帶來的
競爭優勢，關鍵就在過度簡化且未了解電子商業的真正意涵！

　　網際網路（internet）不僅是20世紀最重要的發明之一，
也帶給人們全新的體驗，並造就企業不同的經營風貌。1995
年，當時的IBM董事長兼執行長葛斯納向世人宣告「電子商業」
的概念，跳脫當時大家以為網路只是建立網站或進行一般性
電子商務的範疇，他預言科技將逐步成為商業世界的動力，乃
至改變傳統商業活動的規則，也正式開啓了電子商業活動的第
一章。

　　網際網路的蓬勃發展，的確為商業世界帶來許多前所未有
的衝擊。在網路剛開始吸引眾人目光時，許多企業急於建立自
己的網站，並且認為「內容就是一切」，因此一心一意發展網
站的內容，並提供免費的瀏覽。隨後，資訊技術的迅速發展，
帶領企業進入「企業對客戶（B2C）電子商業」的階段。在此

階段，許多企業深信，網路交易就是電子商務。

　　但逐漸地，企業發現網路交易並非如此單純。因爲，在成功完成的過程中，網站上接受訂單只是其中的一小部分。網路交易會牽涉企業內部所有的商業流程，甚至還會影響到整個供應鏈體系的連動。於是，「企業對企業（B2B）電子商業」開始流行。許多資訊技術解決方案開始問世——企業資源規劃系統（ERP）、供應鏈管理系統（SCM）、客戶關係管理系統（CRM）等概念響徹商業世界！

　　進入2000年，電子商業的概念更加爲大眾所熟悉，因應網路科技而生，或應用電子商業的新公司不斷湧現，市場一片榮景。爾後，在短短十個月內，蓬勃發展的網路科技世界，迅速進入市場重整的黑暗期。連帶的，許多企業對於前五年電子商業的投入，開始產生懷疑與憂慮，電子商業發展進入重要的轉捩點。

## 電子商業的真正意涵

　　在過去幾年，企業歷經了如雲霄飛車般的電子商業發展史；從最簡單的設計企業網站、建立網路商店，甚至引進各式各樣的資訊解決方案，許多經營者不禁感到疑惑：面對這一連串演進，爲什麼企業還是無法享受電子商業所帶來的競爭力？

　　這當中的關鍵在於：企業過度簡化電子商業！截至今日，

仍有許多企業不了解電子商業的真正意義！真正的電子商業，不只是網站發展，也不只是引進資訊技術而已。真正的電子商業應該是「嚴謹的商業」（serious business）！

所有企業經營當中必須考慮的因素、參與的商業夥伴，以及可行的策略，都必須被思考、被發展，以及被執行。因此，IBM 花了許多心血，協助企業經營者從商業核心流程出發，著手進行完整的電子商業轉型。

## 認清電子商業所帶來的事實

從過去幾年的經驗出發，IBM歸納出以下幾個電子商業所帶來的事實，與企業先進分享：

● 企業營運的版圖越來越廣：傳統的地理疆域，已無法阻擋您的營運版圖！隨著網際網路的發展足跡，您可以到非洲去賣鞋子，或是到美國去賣電腦。因此，競爭者也從台灣廠商，轉變為世界各國的廠商。

● 企業營運將更立即化且個人化：在全新的電子商業環境，消費者就是老大，就是國王！消費者不但比以前更具有控制力，更期待企業提供立即的回應與卓越的服務。同時，他們也期望受到企業的高度關注，並進而提供他們真正量身打造的產品與服務。

● 企業營運變得更簡單卻也更複雜：在某種程度上，電子

商業的導入讓企業的業務流程得以標準化且自動化,營運上也就更簡單且更富效率。但是,這也促使業務流程的參與者權力變大,讓企業管理變得更複雜。企業經營者該如何防止經營資訊被離職員工盜用?面對大量的客戶資訊該如何儲存與分析?這些都是企業經營者以前沒想過,但必須面對的事實。

●企業營運將變得更整合,卻也更透明:導入電子商業最美妙之處在於整合,讓企業營運的相關資料,如客戶資料、價格資訊、庫存量、供貨管理等,在組織內部自動且順暢地流動。但是,這也將使企業經營者面對一個更透明化的經營環境:客戶會直接在網路上批評您的產品;供應商會對您的價格與成本結構有更多的了解;員工也有可能對您的經營決策提出直接的挑戰。

## 經營者應持續培養的新思維

對企業經營者而言,與其等待改變,不如參與改變,改寫企業運作的規則,甚至改寫產業的規則!如同IBM前董事長兼執行長葛斯納說過的話:「網路科技將會影響全球企業經營的模式、教育的方式及個人溝通與互動的行為。藉由網路科技的發展,將重新塑造新的贏家與輸家!」於是,企業經營者更須培養幾個新的思維方向,以因應電子商業的變化。

●向消費者學習,不斷思考企業提供的價值:電子商業提

供企業經營者一個絕佳的機會，得以完整地且有系統地記錄客戶的消費行為與模式。企業經營者實應好好善用這些資訊，積極向消費者學習，重新思考企業所提供的價值，是否真的滿足了其需求？是否有改善的空間？是否有發展的機會？這些思考都有助於企業經營者，建立一個更客戶導向的組織。

●向成功者學習，建立更富彈性且靈活的企業組織：在過去幾年，我們可以看到許多企業成功地導入電子商業，建立更具彈性且靈活的組織。企業經營者應多向這些成功者學習，分析他們的成功關鍵因素，效法他們的經驗與做法，也為自己的企業開啟新頁。

●向科技專家學習，深入了解資訊科技的發展趨勢：資訊科技的發展日新月異，唯有深入了解，方能掌握其精髓，善用其創造企業的競爭優勢。因此，企業經營者實應定期向科技專家請益，充實自己的科技常識，並善用科技專家的領先觀念，才能為自己的企業創造下一代的科技競爭優勢。

# 電子商業的演化

　　所有企業經營上所必須經歷的過程、考慮的因素，在電子商業的時代仍須一步一腳印走過這一切。電子商業的觀念在2000年已進入3「I」的階段：創新（innovation）、整合（integration）與基礎建設（infrastructure）。

　　對於很多企業所言，由於網際網路掀起的熱潮，使得電子商業象徵著無窮的商機。每個企業都競相投入這個網路的世界，在其中不斷追尋發展電子商業的成功關鍵要素。隨著這幾年的發展，我們也看出了一些電子商業的演化。

　　● intranet的發展與應用：intranet不是新的玩意兒，卻是企業內部溝通的最佳媒介。它不只是工具，更重寫了企業內部溝通的歷史，建立企業溝通模式新的里程碑；對企業經營者而言，留心網際網路的發展與應用將是在電子商業時代致勝的關鍵之一。

　　● 線上學習（e-learning）與知識管理：根據國際數據資訊（IDC）調查顯示，全球企業投入知識管理的支出，不論在服務、軟體、內部資源、基礎建設上所花費的預算，都將越來越多。這充分突顯出今日企業競爭已成為「誰擁有資訊、誰擁有專業，誰就是贏家」的局勢。 因此，如何導入電子化的組織學習，以及建立完整的知識管理系統，勢將成為企業下一波導入電子商業的重大關鍵任務。

● 網格運算（grid computing）的發展與應用：全球各地的科技專家正熱切討論網格式運算，並期望藉其開放的力量，改變人們對電腦資源的定義與使用的方式。

所謂的網格運算主要是透過網際網路，將各式運算主機、儲存設備、開放式系統等，轉換成自我管理與服務的虛擬資訊科技架構。換句話說，全世界會像一個大棋盤般的網路，處理各式組織所需的運算工作。有所需求者只要依其程度獲得類似水、電等服務，並依此計價付費。而身為企業經營者，應該掌握此趨勢，並規劃出相對應的企業策略。

● 企業行動化的發展與應用：無線通訊的發展與應用，為企業的即時業務需求、關鍵性任務的資料傳輸，以及更貼心的客戶服務，提供隨時隨地、隨心所欲的運作環境。因此，企業應積極投入行動化應用，以趕上下一波電子商業趨勢。

● 企業安全系統的建置：911事件後，已迫使企業將安全議題視為當務之急。許多企業經營者正面臨三個主要的潮流：首先，安全措施必須以整合的方式深植於整個組織當中；其次，資訊安全與實體安全如何整合在一起；最後，是生物辨識系統（biometrics）等新型安全科技的興起。

企業經營者有必要了解這些趨勢的發展，並直接參與企業安全系統的規劃建置，以便在必要時平衡員工、客戶、廠商與股東之間可能發生的利益衝突。

# 3「I」：創新、整合與基礎建設

面對電子商業發展的演化，企業開始重新思考，商業的本質是什麼？網際網路所引發的創業遠景是否只是一場夢？

對於這些疑問，IBM認為，成功沒有捷徑，營運基礎、合作夥伴、策略發展，以及獲利模式、核心事業等，仍是企業最重要的經營基石。無論是網站經營或是科技事業，電子商業就是「商業」──貨真價實的商業！

所有企業經營上所必須經歷的過程、考慮的因素，在電子商業的時代仍須一步一腳印走過這一切。因此，在2000年3「I」成為企業的經營重心：創新、整合與基礎建設。

首先是「創新」。在電子商業世界的演化中，「創新」為企業成功最重要的關鍵因素。因此，無論是一般企業或是高科技公司，「創新」皆是推動企業永續經營，繼續向前的動力。對企業而言，「創新」應包含精進企業經營模式、善用知識及資訊，進而發展出獨特的觀念、做法與技術。

在IBM，我們相當鼓勵創新精神，並且投入研究、發展與創造最先進的資料科技，期許以科技創造更美好的生活。因此，我們不僅培養出5位諾貝爾獎得主，過去十一年間，IBM共累積了超過25,000項美國專利權，並且連續十一年衛冕這項象徵世界最具創新研發精神公司的寶座。

其次是「整合」。時至今日，許多企業主皆發現，為了贏

得真正商機，如速度、循環週期、對客戶的回應等，這些內部流程與應用系統必須加以整合，也就是應用電子商業，真正將所有企業各單位、員工、客戶等串連起來，使企業成為靈活的生命體。

事實上，整合所需的科技其實並不難，關鍵在於企業領袖的觀念與管理態度，如同經營企業一般，企業主的決心，是重新建構管理體系及組織架構的重要基石。所以，在電子商業的演化中，企業經營者應該要有超越原先架構的眼光，建立能使每一位員工、客戶、主管皆能自由運用資源的整合性企業。

最後則是「資訊基礎建設」。為了建構完全整合的電子商業，企業必須重新檢視，是否有足夠的資訊基礎建設，得以支持未來的新發展。這正是所謂的「下一代電子商業基礎架構」。

對許多企業而言，尤其是那些強調全年無休的服務業客戶，原有的資訊基礎建設已明顯不敷使用。因此，大部分的企業需要重新建構其資訊科技的基礎建設。在未來，我們預計將會有「隨需應變」的服務提供形式出現，滿足企業七天二十四小時永不停止的營運需求。

# 隨需應變！

在全球景氣持續低迷的時刻，企業高階經理人希望資訊科技能夠幫助他們在第一時間內回應任何客戶需求、市場商機與外在威脅的變動。電子商業至今已演化為「隨需應變的業務」（on demand business）。

全球商業市場的每個產業、每家企業的領導人都在尋找讓企業運作更敏捷、更靈活的致勝關鍵。他們希望公司能夠迅速反應商業環境的瞬息萬變：不論是供應、需求、價格、消費者偏好的改變，或是資本市場、利率、油價的波動，亦或是天災人禍等無法預測的外在變動與威脅。

同時，越來越多的的客戶要求企業依照他們的需求提供量身訂作的產品與服務，企業必須在客戶選定的地點與時間內，滿足客戶需求。在這種商業環境中，唯有能夠敏銳感應環境變動並在第一時間回應的企業才能取得競爭優勢。

但問題是，大部分的企業還無法有效地立即感應市場變動，更遑論具備即時回應的能力。因為，他們沒有隨需應變的商業架構。

# 電子商業時代的三個階段

回顧前面所提到過的，電子商業時代始於1995年，網際網路的應用大大改變了運算環境，對商業、教育、醫療保健、甚至政府機構的影響更是深遠。透過網際網路與全球的連接，全世界的運作、組織、流程與互動產生了新的變革。

在第一階段的電子商業時代中，企業開始透過簡單的公司網站提供資料，客戶可以上網查詢飛機班次、銀行帳戶餘額，逐漸取代傳統電話查詢或是現場排隊等候，資訊的取得變得更為方便，但只限於靜態的資料查看，還無法進行動態的雙向溝通。到第二階段時，網際網路成為商業交易的媒介，客戶開始可以在銀行網站上進行轉帳、申請貸款，航空公司也提供線上訂位的服務。

根據IBM針對全球33,000家公司所進行的電子商業運用程度研究，65%的企業已進入第一階段的電子商業運用，28%的企業則已邁入第二階段。全球最大的企業中目前有一半以上在建置「端對端整合」（end-to-end integration）商業流程。

在全球景氣持續低迷的時刻，企業高階經理人希望資訊科技能夠幫助他們在第一時間內回應任何客戶需求、市場商機與外在威脅的變動。第三階段的電子商業，IBM將之稱為「隨需應變的業務」。

## 隨需應變業務四個主要條件

　　何謂隨需應變業務？簡單來說，就是不論客戶有什麼要求，或者外在環境發生任何變動，企業都能有效地針對不同的需求（demand）做出迅速合宜的回應。隨需應變的業務必須具備以下四個條件：

　　一、具回應力（responsive）：隨需應變的業務能夠感應外在環境的改變並即時做出反應。

　　二、可變的（variable）：隨需應變的業務能彈性運用不同的成本結構與業務流程，以降低風險，提升生產力，控制成本。

　　三、專注（focused）：將非核心流程委外（outsource），企業不僅能專注核心競爭力，更能降低風險與成本，提升營運績效。

　　四、具復原力（resilient）：企業要像全年無休的便利商店一樣，一年三百六十五天、一天二十四小時都不打烊，需要健全完備的企業系統與流程，面對電腦病毒入侵、地震或是激增的客戶交易量所產生的作業中斷，都能立即復原，馬上做出回應。

## 隨需應變運算環境（computing environment）

　　資訊科技的演進讓企業的IT基礎架構越來越多元、分散且

複雜，一家公司台北總部的資訊系統可能無法直接與高雄辦公室的系統相通。因此，隨需應變的業務需要新的基礎架構提供整合核心業務流程與系統，讓資料能夠在企業內外之間流通自如。IBM稱這個新的基礎架構為隨需應變運算環境，它具有四個特點：

一、整合（integrated）：企業進行水平整合，將內部各個部門以及外部商業夥伴、供應商與客戶端的龐大資料庫與現有系統全部串連，將資料做有效的整合與應用。

二、開放（open）：每家公司都有自己的資訊系統，開放性標準讓所有技術相互連通與整合，如此一來企業之間，或企業與其他組織之間才能達到全面的互通。

三、虛擬（virtualized）：主機平均有40%的時間處於待機狀態，Unix伺服器通常只需要10%的運算資源就能完成被交付的工作。網格運算等新技術將分散的運算資源整合起來，成為一部虛擬的超級電腦，輕鬆的進行資源共用與管理。在不必增購設備的前提下，企業可以取得電力、自來水等公共設施的同樣模式購買運算服務，用多少付多少。

四、自主（autonomic）：在隨需應變的世界中，數以百萬計的系統與應用軟體都要互相流通，這時需要一套類似人體自律神經系統能夠管理自己的新科技，有效進行自我診斷、自我管理、自我修復。

現今的商業環境充滿變動，企業必須快速地對商機、變化

與威脅做出回應，才能把握商機，維持競爭優勢。隨需應變的業務模式並非遙不可及的願景，隨需應變運算環境也不是要企業投資大筆資金才能建置的資訊架構。

對大型企業來說，在經濟緊縮的時代，不必增購設備就可獲得所需的運算力，可以節省龐大的開支。對中小企業而言，這更是革命性的開端，透過隨需應變運算能力如同公用設施般的服務，可以取得更高階的運算能力與服務。

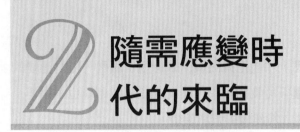

# 隨需應變時代的來臨

## 創新革命：運用創新，比單純發明更重要

創新只有對組織、產業、社會或是生活帶來正面的轉變時，才具有意義。這也是IBM長期以來致力的方向，唯有著重創新之後的運用，才是真正的創新。

資訊科技產業的核心價值在於創新和預測未來，研發單位創造發明後，向市場公布和推廣這些發明的好處；研究人員在實驗室中創造出創新產品後，期望客戶找到最適當的方式使用這些產品。

回顧過去的歷史，IBM多次成功的爲客戶帶來革命性的創新技術，例如後端辦公自動化、線上控制系統、電腦輔助設計，當然還有電子商業。在過去的十一年中，IBM獲得了超過25,000項美國專利，成爲世界上最具創造力的公司，因此，許多人不免好奇，創新技術領域的下一個重大發展是什麼？IBM

認為，創新技術領域的下一個重大發展不是創新本身，而是如何以一種更好的方式來運用創新技術。

在現今的商業環境裡，推動資訊產業前進的核心價值不再是產品，而是客戶的業績目標。因此，技術已非重點，更重要的是如何運用創新技術創造商業價值。無論哪一種行業，商業環境變得日益複雜、節奏更快且更不易預測。面對這樣的壓力，企業業務架構若無法靈活應對，終將遭致淘汰。反之，那些以隨需應變的方式開展業務的組織將更具適應能力，且獲得更顯著的競爭優勢。

IBM董事長暨執行長帕米沙諾（Samuel J. Palmisano）2002年10月提出「隨需應變的業務（on demand business）」的概念，揭示了IBM的新企業策略：「隨需應變的業務」。IBM認為隨需應變在企業的商業模式確定和業務設計階段就已開始。隨需應變可彌補以往業務處理過程經常發生的的缺口、接縫和空隙，提高速度和效率，以客戶希望的方式更快地回應客戶的需求。當時，這還只是IBM對未來趨勢的看法，而今整個產業已逐步走入隨需應變的時代。

## 各國企業不約而同進行隨需應變

2003年11月，IBM於舊金山舉辦企業領導人論壇，世界各地200多位貴賓、媒體人士和分析師都前來共襄盛舉。許多重

量級的企業執行長，包括eBay的惠特曼（Meg Whitman）、美國奇異公司的伊梅特（Jeffrey Immelt）、Linux的托瓦茲（Linus Torvalds）、思科（Cisco）的錢伯斯（John Chambers）和席柏（Siebel）的湯瑪斯·席柏（Thomas Siebel）都在此盛會中介紹各自公司實際情況，證明隨需應變的時代已經到來。

eBay總裁兼執行長惠特曼提到，eBay是一家隨需應變的公司，擁有8,900萬客戶，這些客戶希望eBay全年無休，而且客戶的需求隨時都在變化，因此eBay永遠都在面對新挑戰，但這也使得eBay必須成為一家動作最靈活、經營重點集中且表現突出的公司。

泰國的Chin Seng Huat汽車零件公司則是另一家踏上隨需應變之旅的企業。該公司的經營主管Kittichai Chuaratanaphong表示，為贏得市場，需要與客戶、合作夥伴和供應商創建一個價值鏈。這一價值鏈將成為公司拓展產品線、降低運營成本、節省業務流程，為客戶提供更好的服務管道。

儘管eBay和Chin Seng Huat汽車零件公司的企業屬性不同，但這兩家公司的領導人都不約而同地運用隨需應變進行突破性的策略轉型和重大創新。

隨需應變是未來創新的基礎設施。應用開放的架構，不僅限於節省成本，更重要的是透過一個共同標準的平台，將來若硬體或軟體發生更動，企業無須重新轉換平台便能迅速的反

應，成為發展創新的基礎與平台。這裡所指的創新不僅包括發明，還包括如何以創新的方式使用發明。而這一切變化的動力都來自客戶的需求。在競爭日益激烈的商業環境中，各行各業的客戶以及IT公司正在為增強自己的競爭力而進行創新，同時張開雙臂迎接各種變化。

# 政府電子化　打造服務直通車

您曾經有過為了辦理戶政事務，在政府機構服務窗口排隊，或是在電話中費時等候的煩惱嗎？隨著資訊科技的發展，這些景象將不再出現。

隨著隨需應變時代的來臨，我們的生活也將呈現嶄新的樣貌。在接下來的章節中，我們可以在各個領域中，感受到隨需應變無所不在的力量，首先是政府單位的全面電子化。

過去，為了辦理戶政事務，我們常在政府機構服務窗口排隊，或在電話中費時等候。隨著資訊科技的發展，這些景象將不再出現。網際網路的蓬勃發展及新興資訊科技被大量運用，已使數位化取代機械化，成為驅動經濟成長的「生產引擎」，大幅度地改變了商業社會的風貌。

以往的工業時代，大多數商業活動得要雙方面對面坐下來談，但是在電子商業時代，資訊科技消弭了時間與空間的阻礙，連帶使得各行各業重新思考其服務模式。政府機構亦無法置身於這一波電子化浪潮之外，其政策制定、為民服務及控管資料等核心功能仍占有重要地位，且更需要採用電子化方式來展現。

政府官員面臨越來越多的挑戰，譬如民眾在取得政府資料

時，已經無法忍受冗長、層層分級的流程，而是需要更開放、便捷與即時的服務；企業需要的是政府提供整合性服務及統計數據。因為唯有透過網路取得政府電子化的資訊及服務，才能提高行政效率，減少民眾、企業往返政府機關的時間及交通次數，簡言之，最大的好處就是節省社會成本。

## 政府電子化的三階段

若是民眾與企業能在任何時間，透過辦公室或家裡的電腦，或是公共資訊站等獲得政府的資訊與服務，即可以達成施政公開化、透明化的目的，除了加速民意的傳達與互動，也能塑造符合新經濟的知識社會，甚至扶植產業轉型為知識產業。

根據IBM研究機構進行的分析結果，政府機構與私人企業一樣，也是循序漸進地進行電子化，整個過程大致可以分為三個階段。

第一階段為「單純網路化」，著手建置自動化流程、將各部會的資訊置於網頁、提供網路相關服務，整個階段歷時約二至三年。

第二階段為「整合期」，為了因應大眾及企業的需要，政府機構開始透過單一電子化服務窗口提供整合性的服務。我國政府已於2002年初啟動「電子化政府入口網」，讓民眾可透過網路與政府互動。

第三階段爲「全新電子化政府模式」，主要觀念是將國家各級機關與民間企業資源全部整合起來，提供更具協同性、適應性及隨需應變的服務模式，以強化經濟發展、增加民眾參與感與政策制定效率。

目前，世界各國皆積極發展電子化政府計畫，以美國亞利桑那州爲例，IBM自1997年即成爲美國亞利桑那州的合作夥伴，共同設立「Service Arizona」服務，也就是所有居民的證照相關更新與核發作業，可透過網路或電話自行上線付費申請。此舉平均每年爲亞利桑那州政府至少省下1,200萬美元。這項合作的重點並不只是將傳統的證照更新服務e化，更是對政府營運方式的徹底轉型。

此項服務建置費用並非由政府全部負擔，而是由每位上線使用民眾的手續費中抽取最低百分比來維持。亞利桑那州更藉收取特殊車牌費用的方式，進而將利潤用來贊助州立大學、兒童基金等。也就是說，電子商業的靈活運用，可使政府成爲一個既能爲民服務又能賺錢的機構。

此外，芬蘭政府、諾基亞與IBM合作建置的赫爾辛基無線通訊城（Wireless City）、新加坡政府導入可透過無線裝置查詢的街道治安系統、冰島政府進行主計會計系統文件電子化，及東南亞國協（ASEAN）十國的電子化政府計畫等，證明積極推動電子化、精進政府流程已是全球各國政府刻不容緩的議題。

# 我國政府電子化程度評比名列第一

　　事實上，我國政府在電子化上的努力亦不遑多讓，六年國發計畫將「電子化政府」列為數位台灣重點之一，計劃陸續推動政府服務e網通計畫、運籌e計畫及智慧運輸系統計畫等。根據美國布朗大學2004年發表的電子化政府評比指出，我國在全球198個國家中獲得第一名，其次為南韓、加拿大及美國，整體得分大幅領先世界各國。

　　對政府機構而言，進行策略轉型以成為電子化政府，必須著重四項要素：以民眾為導向、專注於知識、政府整合、私人機構參與。其中，政府資訊委外的執行、擴大民間企業的參與，將可帶動國家資訊服務產業蓬勃發展。

# 銀行轉型　隨需應變領風潮

台灣加入WTO之後，金融業進一步朝開放之路邁進，連帶對國內銀行業造成巨大衝擊。如何推動銀行轉型、迎接全球化挑戰，已成為台灣銀行業的重要課題。

從外在環境來看，台灣加入WTO後，外國銀行挾帶創新的金融商品與行銷模式進入台灣市場，將對本土銀行帶來競爭壓力。此外，身為WTO的一份子，台灣的銀行也必須調整銀行監管模式，建立新的信用制度以及正確的風險控管機制。從內部環境來看，金控公司的成立改變了國內金融版圖，銀行業也面臨解決龐大逾放款等體質改革問題。

銀行一般有資訊科技基礎架構（IT infrastructure）、商品研發、行銷管道、市場洞察能力、業務營運、風險與財務控管六種核心競爭力，這些能力決定了今後銀行在市場中的競爭優勢。

銀行業的發展可分為四個階段，銀行的核心競爭力隨著不同階段也呈現出不同的特點。第一階段是銀行業創立期；第二階段是銀行業進入大規模商品化時期；第三階段是銀行業產品最佳化階段；第四階段是銀行業進入網路化階段，不但產品層次提高，還需要知識管理與客戶服務管理。

國外銀行已經發展到第四階段，不論是前端的客戶服務、或是後端的IT基礎架構支援，世界級的銀行已經採用了網路化的金融機構模式。

IBM提出電子商業概念以後，已經爲銀行業帶來了三次重大變革。第一次變革是銀行導入電子商業的應用系統，例如建立網頁、架設電子郵件伺服器（mail sever）；第二次變革則是將電子商業的應用系統與銀行內部系統整合，例如建構網路銀行提供線上帳戶餘額查詢；今日銀行的電子商業已逐漸演進到第三次變革，那就是透過網際網路建立開放的銀行營運模式，提供隨需應變的服務，IBM稱之爲隨需應變銀行服務（banking on demand）。

## 迅速回應市場

什麼是隨需應變銀行服務？就是銀行的業務流程能夠達到與外部商業夥伴、供應商和客戶做端對端的整合，如此銀行就能在第一時間對任何客戶的需求、市場變動或外部競爭做出迅速的回應，達到隨需應變銀行服務境界。

根據IBM協助國外銀行業發展的經驗來看，銀行轉型通常會經歷四個重點的營運變革，分別是以總分體制、獨立產品、業務能力及隨需應變銀行服務爲核心的變革轉型。在總分體制方面，過去十年中，美國許多銀行已經開始重視內部業務流程的

改善，特別運用於近日併購整合（M&A）風行的階段，銀行業在處理合併其他機構後所產生的成本降低與組織重組等議題。

目前大多數的外國銀行都處於發展獨特金融產品，與提升銀行業務能力的第二或第三個重點的轉型。此外，包括美國運通、德意志銀行、摩根大通銀行、新加坡發展銀行、法國最大保險集團AXA Group等國際級金融機構則開始透過IT委外，積極朝隨需應變的目標邁進。

隨需應變的銀行必須具備以下四個條件：即時回應外在變動（responsive）、彈性變動的成本結構（variable）、專注核心能力（focused）以及具復原力的營運架構（resilient）。

從實際作法來說，IT委外可讓銀行專注於核心業務；銀行內部與跨銀行間整合的資料庫與業務流程，可以即時了解客戶需求，快速擬定決策，即時回應外在需求的變動。至於銀行採用以量計費的IT服務，可建立彈性成本結構。另外，建立具備自我監控、自我修復的資訊系統，可以幫助銀行降低市場風險和營運風險，打造銀行具復原力的營運架構。

## 建構嶄新思維

IBM所強調的是，隨需應變不是一種新技術，而是一種新的經營概念；隨需應變不是要添購新的IT設備，而是要改變銀行業思維和業務模式。身為管理與資訊諮詢領域的專業顧問公

司，IBM建議台灣銀行業分三個階段朝隨需應變的目標邁進：首先，要轉變銀行的經營理念；其次，建立長期轉型規劃和新的營運體制；第三階段是引進隨需應變的創新科技與管理模式。在台灣銀行業朝隨需應變之路邁進前，應該先經過自我評估、加強核心業務，並訂定上述轉型改革的優先順序。

為迎接新的商機與挑戰，台灣銀行業需結合先進的經營理念與快速發展的資訊技術，積極拓展新的業務領域和利潤空間，才能在激烈的全球金融市場脫穎而出。

# 無線通訊科技　提升企業隨需應變行動力

趕到機場，才得知飛機延遲起飛；抵達下榻飯店，卻發現櫃檯前大排長龍等候登記的情形，在無線通訊時代不會再發生。透過隨需應變的業務模式，您可藉由手機、網路無線通訊裝置，避免時間的浪費。

　　隨著無線通訊科技的快速發展，一個新事業模式儼然成形。可預見的是，在無線通訊便利性結合電子商業新概念「隨需應變」的推動下，將扮演企業與消費者間的重要橋樑；不僅可順應市場需求、提升企業效率、減少消費者等候的時間，也能改善服務品質，提高消費者滿意度。在系統資料整合與顧客關係管理等應用方案支援下，更進一步強化消費者的品牌忠誠度，增加企業與消費者之間的聯繫。

　　根據IBM商業價值學院預估，到2006年，行動通訊產業會對諸多相關服務產業產生巨大影響，企業內各部門如何邁向行動化，將是決定企業是否取得致勝先機的關鍵。而多數高度仰賴無線通訊的相關產業，如何贏得先機，躍居業界霸主，更是眾所矚目的焦點。

# 客戶需求導向的經營策略

　　首先，企業必須全面整合系統資料管理，以創造並供應更多的服務。此外，強化新產品開發時程，也可確保轉換過程的成功。在無線通訊時代，更須善用網路，例如在經銷或是策略聯盟夥伴間建立聯絡網路，以強化訊息溝通與即時提供服務。集中火力於業績看好的部門，必要時將部分業務外包，更專注於本業的經營。

　　提升經營效率為企業的第一要務，目前旅遊業、壽險業、零售流通業、醫療業紛紛導入業務行動化，把重點放在盤點及倉儲系統、院內巡診系統、維護營運系統等項目。以歐洲市場為例，企業的資訊科技和通訊產業投資金額，預估將從2002年的1,210億歐元大幅躍升到2005年的1,610億歐元。此外，IBM調查顯示，超過60％的歐洲企業認為，無線通訊將大量依賴資訊科技功能的強化。

　　根據IBM長期耕耘國內市場的經驗，我們觀察到，成功的跨國大型企業能夠永續經營的共同點是體認到：客戶才是決定公司價值的關鍵。也就是說，公司經營策略必須以客戶需求為導向，以客戶為出發點。

　　無線通訊具備許多劃時代的新概念，這些新概念將幫助企業深入消費者的生活經驗，帶領消費者體驗全新的生活視野，在無線通訊新科技和隨需應變結合後，許多未來世界的電影情

節，已經真實地在企業以及日常生活中上演。

　　以旅遊業為例，旅客趕到機場才得知飛機因故延遲起飛的情況，未來將不再出現。因為透過隨需應變的輔助，旅客可以在第一時間藉由手機、網際網路、PDA等無線行動通訊工具，獲知飛機延遲的訊息，得以及時重新安排行程，避免時間以及金錢的浪費。

　　好不容易順利飛抵目的地，並抵達下榻飯店，以前辦住宿手續得在櫃檯前大排長龍，但在無線通訊時代，您可以在前往飯店的計程車上，事先用無線通訊設備如PDA、手機或個人電腦等，透過導入隨需應變方案的旅行社協助，在線上完成住宿登記，到達飯店只需領取房間鑰匙，便能輕鬆完成住宿登記。這就是隨需應變業務與無線通訊科技結合後，為旅客帶來的便利。

　　醫療系統也成為隨需應變業務的最大受惠者。以韓國最大醫院之一的Samsung Cheil醫院為例，在IBM協助導入無線通訊相關解決方案後，醫護人員可以隨時隨地透過PDA擷取醫院資訊；同時由於醫院之間互有連線，在衛星定位系統的輔助下，醫護人員可在救護車上很快地判斷出該將急診病人送往哪一所醫院，病患不僅可以迅速得到最妥善的醫療照護，也可避免急診室人滿為患的情形。

## 提供企業競爭力領先要素

　　透過無線通訊與隨需應變的零售業者連線，消費者可以利用等候接送小朋友放學、通勤等零碎時間，輕鬆完成繁雜的採購工作。例如芬蘭的消費者從2004年2月開始，只要坐在家中的沙發上，就可透過數位電視輕鬆購物。網路與數位電視的結合運用，讓芬蘭零售業者可以更輕易地將商品訊息傳遞給消費者，消費者也享受到購物不出門的便利。

　　越來越多的證據顯示，在競爭激烈的全球化市場，「效率」是致勝關鍵，而「應變性」也是不可忽視的潮流。企業必須跨越時空隔閡，打破制式流程，創造出具彈性的企業環境與消費氛圍，才能在日趨白熱化的市場保有競爭優勢。

# 科技帶動變革　醫療服務零誤差

藉著資訊科技，醫療院所得以完整串聯每項醫療流程，並與醫療供應商、社區及相關醫療網路溝通，提升醫院的管理效率及利潤。

　　政府實施多項重大醫療政策、民眾醫療資訊需求提高及醫院數量急速增加，在這些因素交互影響下，國內醫療產業產生極大的變革。如何配合現今社會需求調整醫療核心架構，同時建立高效、安全及負責的醫療供給體系，已成為各大醫療組織的目標。

　　醫療業因為牽涉到民眾健康及公共安全，運作上不容疏失，必須在與時間賽跑的挑戰中，找到兼顧醫療品質與安全的平衡點；再加上醫療產業上下游範圍分散且龐雜，任何體系改革都是牽一髮而動全身的，更讓醫療產業的轉型千頭萬緒。

　　SARS風暴凸顯了醫療體系必須在第一時間回應外界的變化，否則會造成骨牌效應。因此，若能善用資訊架構，在重大危機發生時，就能在最短時間內以正確且安全的方式迅速彙整並對外分享醫療資訊，避免醫療時機的延誤與疫情擴散。

# 醫療資訊科技需有高度協調性

事實上，醫療機構導入資訊科技是需要高度協調性的複雜任務，儘管過去幾十年，企業已累積資訊科技運用的豐富經驗，但由於醫療產業的性質特殊，所以大部分的實務成果並不能完全或直接適用。主要的原因有二：在政策上，醫療業對資料儲存與傳輸標準、應用軟體系統及法律等資訊科技運用仍缺乏定論。在資訊平台技術上，醫療業欠缺一個足以互相連結的資訊架構，因為病患醫療資料的建立、蒐集、傳遞及交換的系統是透過許多不同的方式逐漸累積的，並未進行連結及整合。

簡單來說，醫療資料的天秤兩端，一端是醫院與其他健康醫療相關服務的提供者；另一端是需要病歷資料的對象，包括病患、其他醫院及保險公司等，兩者之間應該建立清楚、開放及安全的雙向訊息流通管道，數位化便是目前各界認為最可行的解決方案。美國近年來極受重視的「聯邦健康保險法案」（HIPAA），也對電子化的醫療資訊應用、交換機制及保護有詳盡的規範，印證醫療界應更積極進行數位化的投入與規劃。

舉例而言，美國最大非營利醫院之一的佛羅里達醫院（Florida Hospital），為了整合醫院系統及工作流程，特別建立臨床資料資訊系統，醫師可以透過網路取得病患三天內的動態醫療資料，包括X光片、圖像式病歷資料、病床所在位置、病情及各種檢查結果。

# 條碼管理　確保病患用藥安全

　　台灣也有許多醫院積極推動e化管理，應用e化串起每個醫療環節，其中最重要的是病歷資料的保存。

　　除了病歷數位化，科技應用也可以確保病患的用藥安全，最基本的做法是條碼管理，即以採用條碼追蹤藥物在醫院及診所的配發過程。此種條碼的技術和德國零售集團Metro Group、美國沃爾瑪（Wal-Mart）百貨及英國特易購（Tesco）連鎖超商近年來所試驗的「智慧貨架」（smart shelf）技術類似，利用無線射頻辨識（RFID）系統即時追蹤貨物。

　　醫院若使用無線射頻辨識系統追蹤藥品，除了顯示藥物名稱與藥效，還包括處方服用量等資訊，目前美國食品暨藥物管理局（FDA）已立法規定採用條碼以保障用藥安全，預期條碼技術將可大幅減低藥物不良反應及醫療事故。

　　當然，數位化大量運用於醫療業的最大疑慮，主要來自於隱私權及安全性的爭議，尤其台灣對個人隱私權的保護散見於不同法令，有時很難妥善保護醫療資訊安全。其實，坊間已有防火牆，虛擬私人網路（VPN）及網路弱點偵測軟體等配套方案，可以解決資訊系統的安全問題，而且已有許多銀行、保險公司及大型企業，將安全問題列為導入電子化解決方案的重要評分標準，資訊廠商自然不敢等閒視之。

　　醫療業正進行著一場激烈的變革，醫療組織的重點工作在

於迅速因應環境變動、降低營運成本，同時更快速地回應病患、醫生及後端支援行政人員的各式需求。藉著數位化及資訊技術，醫療院所才能完整串聯每項醫療流程，並與醫療供應商、社區及相關醫療網路進行溝通，環環相扣，進一步提升醫院管理效率及利潤。醫師及護理人員不須再花費大量時間在日常文書工作上，而可以運用更多的時間照護病患；相信透過縝密思考、反覆推演及徹底執行，未來醫療產業必能成功整合各端點。

# 發動隨需應變　航空業全面起飛

航空業者成功度過景氣陰霾，除了擴充營運規模外，從谷底攀升的過程，也讓不少業者重新思考改善公司體質，迎接未來更多的挑戰。

近來亞洲航空業者積極採購客機或貨機，布局動作顯示航空業景氣逐步回升。過去兩年，恐怖攻擊事件及SARS疫情讓全球航空業經歷前所未有的不景氣。依據國際航空運輸協會（IATA）分析，2003年因為SARS疫情影響，全球民航業客運業績明顯萎縮，亞太區業者更經歷了嚴重衰退。

隨著經濟日漸復甦，成功度過景氣陰霾的航空業者，除了採購航空設備擴充營運外，在從谷底攀升的過程中，業者也重新思考改善公司體質，以迎接未來更艱鉅的挑戰。從資訊層面分析，如何引進資訊技術以即時回應客戶需求、洞悉市場商機與克服外在威脅，將是航空業者決勝的關鍵。

航空公司若亟思善用資訊科技，首先可根據本身的經營策略，逐步制定發展資訊整合系統的藍圖，如引進客戶關係管理系統了解客戶需求，以提供即時及高滿意度的服務；透過供應鏈管理系統整合上下游廠商，加強物流管理；以企業資源規劃系統整合公司內部資源，簡化組織業務流程；而電子商業的解

決方案則能提供旅客便利化的作業平台，有效縮短消費者與企業間的距離。

　　落實航空公司資訊整合計畫，可歸納四個施行重點：一、整合分散的技術平台，並削減開支；二、調整商業重點，增強企業本身及商業夥伴的資訊技術能力；三、部署並強化新的技術策略，清楚分析新技術可能帶來的實際效益；四、執行詳細的轉型行動計畫。

　　事實上，現今航空資訊服務應用已有不少實例，下列即是幾項已獲實證的解決方案，可以讓旅客隨時且主動地掌握航空公司的最新資訊，降低航空業者的營運成本。

# 網路訂票系統

　　隨需應變時代，旅客不必再透過航空公司或旅行社，而是自行上網訂購機票，以信用卡付款，並在訂票後自行列印「電子機票」（e-ticket），以節省人力和機票成本。依據國際航空運輸協會預測，最遲到2010年，全美接近80％的機票都將電子化。網路訂票系統的解決方案，不僅提供旅客更彈性且便利的訊息取得服務，更可突破時空限制，隨時查看國內外的航班狀況，亦可輕鬆上網訂票、更改機票，簡化訂票流程。

# 電子便利站

除了網路訂票，為了讓旅客能在機場更迅速方便的辦理登記手續、選擇或更改機位、列印登機證、掌握即時航班資訊，IBM曾為航空業者設計一套用於各機場的電子便利站（self-service kiosk）資訊解決方案。它提供各種語言選擇，不但能滿足各國旅客的需求，免除大排長龍的等候時間，更能提高機場空間的使用效益、降低航空公司的人力成本並建立旅客忠誠度。透過自動化服務系統的連線設計，各航空公司可以在遠端機器隨時查看旅客登記的情形，旅客更可以利用手機辦理無線登記。

公眾無線區域網路（PWLAN）熱點（hotspot）正蓬勃興起。根據國際數據資訊的資料顯示，去年全球熱點數量超過5萬個，預估2007年將成長到18.9萬個，每年平均以57%的速度成長。航空業者可以藉由公眾無線區域網路，讓旅客在機場透過高速無線網路，隨時掌握辦公室、客戶、家庭、網路及電子郵件的訊息，並可在抵達目的地後，立即安排當地的飯店、交通、娛樂及餐飲等事宜，讓整個旅程更加順暢。

IBM曾為某家亞洲航空公司提供一份「北美航空業現階段的客戶關係管理」分析。這項分析詳述旅程中各階段的最佳客戶關係管理措施，包括線上購票、自動航班狀況通知、先進的電子便利站登記、無線登記等。

航空業者可透過上述的資訊科技應用，與客戶建立即時性的互動，提供專業服務，以增加客戶的滿意度。

整體而言，在高度競爭的航空業，同質性商品日益增多、銷售管道越趨多元、產業間結盟、管制鬆綁及其他因素，使得航空業者無不挖空心思創造產品差異性，以留住現有顧客，並進一步開發新潛在顧客，擴大市占率。

透過資訊技術的整合應用，即時回應市場需求，提供旅客隨需應變的服務，相信將會是協助航空業者在高度競爭環境振翼起飛的動力。

# 隨需應變科技　為汽車業加油

汽車工業目前面臨庫存、無法彈性生產及即時反應市場需求等
挑戰，唯有結合資訊科技改善作業流程，並提供加值服務，這
些問題才能迎刃而解。

　　過去數十年長期受到政策保護的國內汽車產業，在台灣正
式加入WTO後，面臨政策開放、進口關稅調降等挑戰，原本成
長腳步已漸趨緩的市場，在生存的壓力下展開更激烈的競爭。

　　汽車業與其他產業的最大不同之處，在於其資本密度高、
從業人員眾多、經營運作龐大卻極度要求精密度。汽車業的複
雜度，可由繁瑣的製造流程得到印證：組裝一輛汽車需要上萬
項的零組件，這些零組件牽涉到數千家的供應商，為了安全，
每一項組裝流程都必須在嚴格標準下進行。

## 生命週期短　庫存管理困難

　　綜觀汽車產業所面臨的挑戰，除了複雜度高，還有產品生
命週期縮短、生產過剩、無法精準預測市場、庫存管理困難
等。國外研究資料顯示，汽車業的資產運用比率低於50％，每
次報價平均往返時間約三十天，價值數十億的庫存汽車因為不

符潮流而被迫淘汰。

　　隨著生產工具日新月異，汽車產品生命週期目前縮短至三十二個月，也就是說，一台新車上市不到三年就退了流行。消費者的喜好變化迅速，成為汽車業的重大挑戰之一。此外，一般人購買產品，往往可以快速獲得服務，消費者也將這樣的期望投射在汽車購買上。因此，汽車產業必須在緊迫的時間壓力下求新求變、追求效率與利潤。

## 電子系統　有效整合資源

　　為即時反應市場需求及整合來自四面八方的複雜資訊，許多汽車業者開始導入電子化系統，將零碎的供應鏈及資料有系統地組合起來。在銷售方面，也出現了汽車電子交易市集。

　　以IBM的客戶Covisint為例。Covisint是美國著名的汽車電子交易市集，由戴姆勒‧克萊斯勒汽車公司、福特汽車、通用汽車、日產汽車等多家企業於2001年共同集資成立的電子平台，協助汽車製造商透過網際網路，向世界各地的供應商採購零件，以節省成本。這證明了科技在汽車產業扮演的關鍵性角色。科技是整合、客製化及協同工作的催化劑，可以促進營運效率，當然，也可以幫助企業管理複雜的技術。

　　IBM服務國內、外汽車業者時發現，業者可採用幾個簡單的策略來克服產業挑戰。

第一項策略為「專注核心競爭力」：將非核心流程管理工作交由外部策略夥伴負責，並將隨需應變視為一項利器，將企業內部的固定成本轉為變動成本。事實上，目前已有許多汽車業者將零件生產及組裝委外。

第二項策略為「保持彈性及敏銳直覺」：市場領導廠商往往能快速反應市場環境變化、客戶需求及協調夥伴，並具備跨產業運作的彈性流程及價格結構，以降低風險、控制成本、保持生產力及靈活的財務調度能力。

第三項策略為「建置健全的資訊基礎架構」：有效的檢視標準，正是隨需應變商業環境的要件，即整合、開放、虛擬及自主等四項。

## 成本不變　競爭力反提高

此外，普及運算（pervasive computing）及網格運算等新技術也有助於汽車業提高效率。如2003年10月，IBM導入全球經驗和普及運算科技為裕隆汽車擴充服務計畫，除了將個人化網頁與功能延伸至各種行動裝置平台，如PDA、手提電腦等；也以語音控制取代按鍵選擇，目的是徹底落實自動化服務，使車主在使用五花八門的功能時，不必轉移視線或改變駕駛姿勢，依然能享受駕車快感。

在全球，IBM也利用車用電子技術（telematics）的尖端科

技，協助汽車工業建構一個以愛車人為主的社群。將汽車的移動延伸到人的移動、設備的移動，完成「移動價值鏈」的願景。

對於汽車工業而言，運用資訊科技創造競爭優勢，是迫在眉睫的課題。汽車工業目前面臨庫存、無法彈性生產及即時反應市場需求等挑戰，唯有結合資訊科技改善作業流程，及提供加值服務，這些問題才能迎刃而解。

# 第二部

# 產業觀察

# 以整合性網路商業模式　創造長期價值

以「網際網路的商業模式」加上「整合」的觀念經營企業，會使企業更有效率，也更易管理。

當經濟環境仍處在長期繁榮時，許多企業都採用高度分散的經營管理模式來維持業務發展。然而歷經近幾年經濟衰退的衝擊之後，企業營運效率不彰的問題逐漸浮現，甚至波及內部的營運與獲利，再加上過去企業間並未明確劃分彼此市場區隔，使得企業承受極大的營收壓力。

面對經濟不景氣，企業必須找出問題，分析問題的關鍵策略，找出因應的解決方案並徹底執行。但對企業而言，在預算已經被大幅刪減的情況下，面對種種問題與需求，該如何將預算做妥善且公平的分配？

究竟什麼是關鍵策略？面對景氣蕭條，有些企業傾向降低投資金額、加強預算控制，並企圖以填補的方式消弭漏洞。然而過於分散的解決方法，就像多頭馬車般缺少共同的方向，終究會自亂陣腳；此外，各解決方案使用的技術平台若無法相容，也會使得不同事業單位之間缺乏共識，無法發揮綜效，最

後導致錯失經濟效益的良機。

　　企業首先必須專注在營運與客戶需求上，並且利用網際網路工具及資訊技術提升營運績效與生產力。另外，可善用整合的網路商業模式，大幅降低企業成本、改善業務流程，達成企業改造。

　　所謂的整合性網路商業模式必須同時運用以下四個策略：

　　●營運最佳化：結合網際網路工具和技術精簡流程，以降低成本。

　　●分析客戶獲利性：分析客戶成本與客戶價值。可利用行銷及品牌策略增加客戶忠誠度；透過管理商品通路，執行市場區隔，並將重點資源投注於能真正帶來利潤的客戶。

　　●業務流程最佳化：強化並整合業務流程，使其達到最佳化。做法包括以資源共享的原則，改善業務流程、整合資訊科技系統與變更組織管理系統等。

　　●以資訊管理系統進行企業檢測，並擬定計畫：藉由資訊管理系統的導入，達成企業創新與提升效率。從電子化的企業檢測過程中，檢視是否出現經營版圖重疊的地方、捨棄低獲利的專案，並且進一步發展一套可執行的商業準則，勾勒出邁向獲利的重要步驟。

　　以「網際網路的商業模式」加上「整合」的觀念經營企業，會使企業更有效率，也更容易管理。當企業充分整合時，科技、作業流程、人員會形成緊密的生態系統。而這套生態系

統將伴隨著企業度過所有衝擊，創造有利於企業永續經營的價值。然而，企業要達成這樣的理想，必須具備明確的願景、有見解的規劃、以及果斷的執行力。更重要的是，不管經濟的狀況為何，企業都必須有強烈的意願執行整合性網路商業模式的改造工程。

# 3 政府產業

## 政府再造的四大行動準則

政府機關的核心功能不外乎研擬政策、提供服務以及執行管理法令。過去，政府機關流程冗長、官僚、封閉；如今，這些職責的履行方式必須反映出數位資訊時代的特質，也就是更開放、具有參與性和即時性。

　　過去由於地域的限制，許多政府機關的文件申請進度十分緩慢，民眾必須耐著性子無奈地接受。然而進入電子化時代，所有流程不再受到時空限制，使民眾能快速完成所有的政府文件申請手續。

　　從下列的比較表中可以看出政府進入數位時代之前與之後的差異比較：

|  | 過去 | | 未來 |
|---|---|---|---|
| 以流程為中心 | 著重於內部服務提供的改善，並受限於嚴格的組織架構、角色和規定。 | 以民眾為中心 | 首要任務在為民眾和政府建立互惠關係，民眾為所有活動的中樞，一切皆以民眾為中心。 |
| 獨立的資料蒐收集 | 重複地從同樣來源蒐集資料，並且將資訊儲存在各自獨立的資料庫，然而在需要時，使用者常常不知到何處搜尋。 | 知識焦點 | 將蒐集、整合並分析過的資料轉變成知識，以便改善政策決定和公共服務的品質。 |
| 地理或功能性區隔 | 沒有誘因鼓勵彼此合作和協調，而且所提供的服務受到組織結構嚴重限制。 | 政府機關整合 | 機關層級間的高度整合有利於政策共識的達成和服務的提供。 |
| 由政府領導提供服務 | 公共服務的特色是決策時間過久，再加上尚未電子化的文書作業流程。 | 民間企業參與 | 民間企業透過外包、策略聯盟等方式，參與公共服務的決策，並使用先進科技提供服務。 |

# 政府再造四大方針

　　從上表可知，政府機關需要進行某種程度的再造，才能達成右欄的願景，且政府再造奠基在下列四個基礎：政府機關整合、民間企業參與、以民眾為中心與知識焦點。

　　IBM建議政府進行再造之前，可先就下列的項目自我檢視：

| 項目 | 自我檢視 |
|------|---------|
| 以民眾為中心 | ● 政府措施是否反映對民眾的重視程度？<br>● 政府是否了解民眾需求？<br>● 政府是否主動要求民眾提出建議並採用建議？<br>● 政府是否為民眾生命週期設計服務配送流程？<br>● 當政府被迫在民眾需求和管理簡便間做出抉擇時，政府會選擇哪一項？ |
| 知識焦點 | ● 政府是否重視資訊的取得和再利用？<br>● 政府是否對採用可將資料轉換成知識的商業情報工具和流程，採取開放的態度？<br>● 政府是否積極施行組織獎勵，並修改管理系統，以強調知識蒐集和分享的重要性？ |

| | |
|---|---|
| | ● 政府是否會事先整合科技，以加強管理、分析並使用資訊？ |
| 政府機關整合 | ● 政府與民眾、程序及技術的連結性為何？<br>● 如果可行，政府是否願意整合採購方式和供應鏈？<br>● 政府是否能結合跨組織的績效評量，並定期尋求跨單位小組的協助？ |
| 民間企業參與 | ● 政府是否願意和民間企業合作提供服務？<br>● 政府是否經常考慮以互補型的供應商提供服務？<br>● 在決策過程中，政府願意是否讓百姓、企業和社區參與？<br>● 政府願意投資多少資源啟動電子商業？ |

# 成功案例：加拿大智慧財產權局

　　以加拿大政府為例，加拿大智慧財產權局（Canadian Intellectual Property Office; CIPO）期望能打造一個具有經濟效益的線上系統，以對世界各地的潛在投資者宣傳加拿大人的創新想法。為達成此目標，加拿大智慧財產權局首先要將傳統的書面專利申請改為網路申請方式，線上處理專利可以縮短處

理申請文件的時間，並讓民眾更方便地查詢數以萬計的專利資訊歷史記錄。

這表示從1920年迄今的歷史資料都需要整合到新系統。系統前端需要一個方便操作的網路介面，以遮蓋複雜的後端技術，包括大型資料庫、將歷史資料掃描為.tif 檔文件的掃描設備、以及用於儲存資料和回應前端查詢功能的大型伺服器。

加拿大智慧財產權局決定與IBM合作，由IBM全球服務事業部（IBM Global Services; IGS）提供專案管理、整合測試、品質保證以及從大型主機至使用者端的所有軟硬體安裝服務與運作，以及為加拿大智慧財產權局開發以網路為基礎（Web-based）的資料庫，不但減少了申請專利所需的時間，也使得民眾更方便取得專利的相關資訊。

文件數位化功能的提升，讓加拿大智慧財產權局和當地民眾受益匪淺；其員工民眾透過網路上新的應用程式鍵入關鍵字，或使用其他的搜索方式，便可以查詢到相關資料，將申請專利相關文件的時間從十六週縮短為五週。專利讓渡或專利所有權登記時間從二十五週減少為平均五週時間。此外，從初次專利申請審查請求，至審查委員對此專利申請所發出的第一次核駁通知書的平均時間已經縮減至二年，比舊系統快了至少六個月。對民眾而言，專利資訊的取得變得更為方便，因為可以直接透過網路，不需到當地專利局即可查詢到專利資訊。

根據IBM與世界各國政府合作的經驗，我們發展出一套

「電子政府」評估準則，可以協助找出政府目前策略中的缺口，透過評估政府目前情勢，並依據政府企業的獨特需求，研擬「再造」策略。

# 4 金融業

## 金控公司　整合資源　發揮綜效

IBM建議金控公司可利用資訊系統整合，開發客戶需求的服務及寬廣的行銷管道，配合電子商業趨勢，以客戶需求為導向制定公司經營策略及相關IT建置。

2002年是台灣金融業的轉型關鍵年，隨著金融控股公司法2001年11月起正式上路以來，金控公司的陸續成立改變了產業版圖，台灣金融機構迅速走向大型化及國際化。然而，金控公司要發揮綜效，首要課題必須先整合資源，才能發揮規模經濟（economies of scale）及綜合經營的雙重效益。

## 策略一以貫之

根據IBM長期耕耘國際金融產業的經驗，我們觀察到，成功的跨國大型金融機構能夠永續經營都有一個共同點，就是他們都了解，客戶才是決定公司價值的關鍵，而不是企業本身。

也就是說，這些公司的經營策略及相關IT建置，都是以客戶的需求為導向而制定的。

此外，成功的金控公司營運方針是建立在追求最大投資報酬率（ROI），所有計畫必須兼具全面性及可行性，因此，任何一項企業策略都要能夠一以貫之，從最高層的董事長辦公室開始執行、貫徹到最末端的自動櫃員機及公司網站為止。

台灣目前擁有14家金控公司，但是我們從國外金控公司的發展看到，金控公司成立三年之後，市場力量就會開始汰弱留強，促使金控公司進行第二波整合。加上台灣金融服務市場規模有限，金控公司要從眾多競爭者中脫穎而出，勢必要了解、進而滿足台灣客戶要的到底是什麼。

IBM從服務國外金控公司的經驗中發現，金控公司營運不如預期的主要原因是產品通路無法有效整合，當然就沒有辦法提供客戶期望的服務。那麼，國內的金融業要如何避免重蹈國外失敗經驗呢？我們認為關鍵在於重視業務整合規劃，才能達到資訊共享與交叉行銷的好處。同時，我們建議國內金控公司可善加利用資訊系統整合，開發符合客戶需求的服務及更寬廣的行銷管道，迎頭趕上電子商業的趨勢。

不過，資訊整合並不是萬靈藥，無法解決金控公司所有的疑難雜症，而且如果沒有配合周詳的整體計畫，還會造成極大的問題。2002年4月，日本瑞穗金控集團就曾因為資訊整合不當而慘遭17億日圓的龐大損失。

當時日本最大的金控公司——瑞穗金控的資訊系統在上線的第一天，就發生客戶無法提款轉帳、重複扣款、未領錢卻被扣款的嚴重狀況。整個公司的資訊系統過了將近一個月才恢復正常。瑞穗金控損失的不僅僅是17億日圓而已，連帶的也喪失了客戶的信任與企業的形象。

## 打造競爭優勢四步驟

　　從上述例子來看，要發揮整合後的綜效，台灣金控公司的首要課題就是要設定企業目標、制定相關計畫、然後貫徹執行。一般而言，金控公司主要的目標不外乎是要增加營收、降低成本、善用實質資產及減低風險。要達成以上目標必須符合四項條件：

　　一、整合客戶資料，提供最適化服務：金控公司成立之後，最大的優勢就是可以整合原本各自獨立的龐大資源，但是客戶資料整合正是金融公司最大挑戰。金控公司首先必須整合客戶資料，分析消費者的行為與偏好，然後才能投其所需，為客戶量身訂做最適合的服務與產品。

　　二、資訊委外，降低營運成本：之前已經強調過資訊整合的重要性。但是要如何進行最有效率的整合？資訊委外已經是國外大型金融機構有效降低營運成本的重要策略，不但可以避免公司投資過多的人力與成本在資訊建置，還可以讓公司更專

注於核心事業的發展、迅速回應市場需求。

三、掌握現有通路，把握所有銷售機會：台灣目前就有14家金控公司，本國銀行也有52家，金融市場的競爭不是激烈兩個字可以形容。金控公司若要取得競爭優勢，在開發新客戶時，要確保所有分行、客服中心、甚至自動提款機的效率，並透過這些既有的管道提供客戶新的價值與服務。

四、加強風險控管，健全金融體質：金融業近來最熱門的話題就是即將於2006年正式生效的新巴塞爾協定（Basel II）。這項協定希望透過風險管理（risk management）將銀行的資本做最有效的運用及控制，藉此達到建全金融體系、減低金融危機發生的可能性。由於台灣已經加入WTO，本地的金融業必須達到國際標準。金控公司不應該將新巴塞爾協定視為一項難題，而是將它看成是提升企業營運績效的契機。

金融整合所需要的科技雖然複雜，但並非不可能的任務，因為目前已開發出各種軟硬體設備來協助整合工作。台灣金控公司目前所面臨最大的挑戰，在於企業領導階層能否體認到金控公司與傳統金融服務之差異，從而重新構思管理體系、組織架構與良好的企業文化，以制定最有效率的經營管理模式。台灣的金控公司，如果可以有效結合企業既有的知識背景與各種新興的技術應用，就能創造出前所未見的競爭優勢。

# 以新技術開創金融業嶄新局面

金融業者對先進的資訊技術的需求高於其他任何產業，最大的原因是金融業的核心產品是「資訊」。

　　過去十年以來，金融業面臨了各式各樣的挑戰。從經濟衰退而導致的連鎖效應，包括利率下跌、股票貶值、貸款金額下調以及擁有許多債務纏身的顧客，使得金融業的營運備受考驗。在這嚴苛的時期，即使金融業在某些業務上提高收費或增加非利息收入的方式，仍無助於業績的提升；同時，消費者對於安全與信任的要求度更高，且競爭者越來越多，競爭對手現在利用自身的品牌和顧客基礎瓜分市場。然而，這看來艱困的環境未嘗不是一個轉型的良機，金融業必須徹底瞭解衝擊業務的因素，更加努力地發展新業務，創造更多價值，並且透過顧客的角度來看公司的內部問題。現在的金融業開始意識到瞭解消費者需求的重要性，為整個金融產業開啓了一個新思維。

## 金融業的七大致勝關鍵

　　根據IBM對金融產業長期的觀察與趨勢分析，在現今的競爭環境中，金融業的成功關鍵包括以下七點：

● 靈活性（flexibility）：缺乏應變、改革緩慢的企業，將逐漸被市場所淘汰。企業必須擁有迅速改變的成長結構，才容易在新的環境中獲得優勢。但是，要如何使企業更加靈活？根據IBM的經驗，我們建議金融業建立一個虛擬團隊來支援決策，並使組織充分利用知識管理工具，讓資訊即時同步。無論是使用開放原始碼的系統或者XML語言，都可為整個金融產業帶來更靈活與可靠的回報。

● 效率（efficiency）：合併是提高企業效率的方法之一，不僅可降低成本更可獲得大規模效益。例如台灣通過金融控股法之後，多家金融控股集團如雨後春筍般出現即為一例。金控集團的出現，是利用傳統組織再造，以達到提高合併效果的方法，但除此之外，利用一些新興技術也可提高效率。許多金融機構已開始利用新技術來增加商機，同時降低整個作業流程的成本，例如無線技術的使用。雖然這些努力可能不會立即回收，但是IBM的經驗告訴我們，越早接受新技術的銀行，一旦達到客戶規模的臨界點，就能產生極大的效益，成功幫助組織簡化流程，提高效率。

● 創新：為了免受市場波動的影響，許多金融業者開始轉向非利息的收入，透過更多元化的產品與服務為顧客帶來實際利益，而不僅僅是以收取額外費用來擴大現有服務。例如財富管理就是一種創新思維，藉由提供顧客願意為此付費的額外價值，金融機構即可創造出一種雙贏的局面。

● 方便（convenience）：越來越多的顧客希望以多元的方式和銀行打交道。除了傳統的櫃檯出納，電話、自動櫃員機和網際網路也成為通路的選擇。然而要注意的是，儘管多元的通路提供顧客多元的選擇，但是如果通路之間彼此沒有共通的平台，就缺少了整合性的價值。此外，個性化且帶有即時消息的接觸管道，比只能傳遞產品或提供有限報價資訊的接觸管道更有價值，例如以無線方式存取及不斷變化的資料（如股票行情）；而網際網路可提供管理開支和風險評估，且隨著寬頻的提升，接觸管道所能提供的互動性服務將會更加豐富。

● 經驗（experience）：無論是自動櫃員機的介面，或是表格書面文件的複雜程度，甚至是行員說話的口吻，都是顧客接觸金融機構的經驗。對金融業而言，經驗設計的重要性遠超過IT的角色，在使用新興技術為金融業做轉型的過程中，必須瞄準顧客的需求、興趣和現有設備，考慮顧客實際接觸使用的經驗與感受。例如XML這種組合式資料能使交易更方便；電子識別的應用，像是電子簽名，對於安全驗證和授權交易有輔助作用，可讓顧客更加安心；金融機構甚至可以經營虛擬社群，建立顧客信任並提供量身打造的金融商品資訊。考慮顧客的使用經驗，將可使金融機構建立起無形但十分重要的資產。

● 安全（security）：金融產業經常涉及各層面的隱私，因此安全性、機密性和保護措施是非常重要的。安全應該是系統化的，由層次、規則、行為與特定技術所構成。幾項已經發

展且爲不少金融機構採用的安全技術包括：單一簽名，這不僅方便，還能爲用戶減少使用複雜度來增強安全性，同時促使用戶提高安全意識。此外，生物辨識系統能加速認證並提供額外的安全度量方法。而自主運算的技術則在每一個面向都能對系統提供保護，並確認是否有其他安全威脅，以制定新的安全標準。由於金融業對安全性有異常的高標準，因此更需要打造一個嚴謹且智慧的IT環境爲安全把關。

●帳戶整合（account aggregation）：帳戶整合是透過資訊技術提供客戶完整帳戶資料，利用個人識別碼登入單一網站即可獲得完整的服務。然而，大多數的金融業者，將帳戶整合簡單地看作是保留客戶和保持良好的競爭力的一種方法，而忽視了擴展其價值的機會。金融機構可以透過帳戶整合所蒐集的資料加以利用，例如：分析客戶的喜好、給予適合的費用以及開發新的服務方式。這是金融業從過去的業務導向轉爲客戶服務導向的新觀點、新作法。

綜上所述，金融業的成功發展需要七種能力：其中「靈活」、「高效率」、「創新」和「整合」對金融機構未來的成功扮演致勝因素，而「方便」和「經驗」是針對顧客的使用感受，至於「安全性」的重要性更是不言而喻，金融業總是比其他產業更關心安全問題，無論是內部資產的保護或客戶資訊的保護，金融業界應當掌握資訊技術實踐以上七大關鍵，則可早日擺脫因經濟環境造成的績效落差，開創金融業的嶄新局面。

# 5 零售業

## 零售業的前景

在不久的未來，零售業將轉型為一個垂直與水平整合、多管道銷售的商業模式，但只有少數業者能夠清楚地定義出因應新經濟時代的商業計畫或策略，以便在這個快速發展的環境中打造競爭力。

　　零售業的競爭日益激烈，每個業者無不絞盡腦汁，試圖在激烈的戰場中尋找生存的恆久法則。然而，要保持競爭力，零售業同樣也要面臨一次基礎性的全面改革，以求永保競爭力。對零售業而言，改革的關鍵包括找出自己在市場中的定位、重新檢視商業模式以適應新的客戶需求與機會，並據此訂定改革計畫；同時，零售業的改革必須以非線性的策略來克服運作中的挑戰。

# 以非線型商業模式重組零售業

　　傳統的線性思考方式認爲新經濟是傳統經濟模式的「演化」（evolution）到更廣闊的區域，然而，對於零售業的變革來說，這可能需要重新制定價值理念，增強技術能力與進行傳統商業模式的「革命」（revolution）。此非線性的革命必須透過隨需應變的商業轉型加以實現，透過新的應用方式，重新進行市場定位並擴大競爭優勢。爾後，會出現「企業對消費者」與「企業對企業」兩種模式的擴散。由於一些已經開始利用電子商業做線性革命的先驅發現消費者樂於接受更多的產品選擇與服務，因此零售業者開始傾向以水平的經營方式擴展領域，獲得更大的便利與規模經濟效益，並造就全新的市場經濟模式。

　　據最近的研究預測，到2005年，零售業在電子商業方面的收入將占到整個收入的25%，而在2000年這個比例僅僅是1.8%。在這個驚人的預測下，改變零售商傳統思維方式並尋找新經濟下更全面且有效的解決方案更顯重要。以下我們便要提出使零售商產生變革機會的五個關鍵原則。

# 五個關鍵的成功因素幫助零售商在新經濟中脫穎而出

　　為了能夠使零售業轉入全面垂直和水平合作關係的模式，IBM 提出了在零售業中推廣新的思維方式的五個基本原則，包括：

　　●接觸——跟顧客與供應商隨時隨地接觸。

　　●可見性——對顧客與供應商的觀察、評價與價值表現的能力做出回應。

　　●服務——拓展服務、並增強各種有形與無形的價值、避免產品的同質性。

　　●品牌——品牌管理從「推式策略」（push）轉變成為「拉式策略」（pull），甚至建立「自有品牌」（full-owership）更加鞏固消費者的忠誠度。

　　●體驗——從顧客的實際體驗中學習，重新對「理想的生活型態」進行詮釋。

　　擁有非線性思維的零售商若能牢記這五個原則，將可降低改革的困難。此外，IBM 還提出了幫助零售商在隨需應變新經濟模式中脫穎而出的五個策略：

　　●企業經理人必須在變革策略、政策和運作上真誠地做出承諾。

　　●整體公司的營運計畫必須將電子新經濟作為必要部分，

在企業業務流程中建立與整合相關的原則與技術。

●開發快速改變、靈活的技術基礎設施，幫助企業更快速回應市場。

●在通訊、資料交換和系統開發中，使用通用的標準，使內部溝通過程與系統能夠彼此銜接。

●隨著企業的成長與發展，必須使供應商和分公司適應通用的商業規則。

根據IBM的研究預測，一個垂直與水平整合的、多管道的商業模式，未來將成為零售業的新標準，但放眼現在，鮮少有零售業者能夠清楚地訂定新經濟的商業計畫或策略，以面對未來的激烈競爭。我們必須一再強調，使用這五個關鍵原則的非線性計畫，對零售業的未來非常重要。因此，若想在未來致勝，具革命意志的零售商從現在就必須重新評價與設計產品價值鏈，更新所提供的內容，並採用更具創造性的價值理念。此外，必須超越當前的商業模式，朝著更具合作性的方向努力，以發現突破性的多通路機會與新收入來源。最後，全面利用能夠建立更好運作效率的技術，增強客戶關係並強化品牌認知。因為，只有當建立創新性與非線性的策略，強調了運作方式的挑戰並把握核心機會的時候，改革果實才能真正實現！

# 無線射頻辨識系統在流通業的應用

無線射頻辨識系統可讓零售物流業平均減少10%的損失或增加收入，全球零售業者目前都在試驗將無線射頻辨識系統技術應用在智慧型貨架、自動結帳系統、倉儲物流補貨系統……。

　　無線射頻辨識系統已成為21世紀最重要發展的新技術。近年來，由於沃爾瑪、特易購、Metro Group等世界上營業規模最大的零售業者陸續導入無線射頻辨識系統，並要求自2005年起，其供應商提供的商品必須要有無線射頻辨識系統標籤，促使無線射頻辨識系統的技術正被持續熱烈地探討。

　　由於全球供應鏈體系常面對庫存過高，貨品在運送及保管過程中容易損壞、不易管理的問題，再加上仿冒品頻傳，不易辨識，促使業者重視到無線射頻辨識系統技術的應用。不僅零售流通業，資訊科技業、汽車業及醫療製藥業等都已注意到它所帶來龐大的妙用。儘管無線射頻辨識系統仍處在初期發展的階段，許多國際知名資訊大廠早已紛紛投入這項技術的研發，以期創造未來新商機。

　　無線射頻辨識系統其實是一種運用無線射頻以辨識人或物品的技術，使用上會發出低功率無線電波的標籤，以提供所謂

的超級條碼。黏貼在箱子上、棧板上，或是個別的產品上，當產品從工廠運送到零售架上時，由一張標籤即可知道產品所在地點和其他的資訊。如果備有無線射頻辨識系統，零售商就可以改善他們的分銷、倉儲以及庫存系統，節省時間和成本。

以世界第六大零售集團德國Metro Group為例，其透過與IBM的合作，成功建立全球首見的「未來智慧型商店」（future store）。Metro採用IBM無線射頻辨識系統的技術協助，建置全自動、自助式的購物商場，也就是顧客可以利用店內陳列的「智慧貨架」與無線標籤系統連線，即時獲得最新產品訊息。例如在選購DVD或CD時，顧客只要在自助式資訊服務站掃描想購買的產品，即可從電腦螢幕上試看、試聽電影及音樂。同時，顧客也不用再忍受漫長的排隊結帳時間，因為店長可透過無線標籤系統，即時通報進出店內的購物推車流量，以隨時增加結帳人員，提供貼心的服務。

除了「智慧貨架」，IBM還為Metro超市設置「蔬果辨識機」自動秤，只要把蔬果產品放置於自動秤上，「蔬果辨識機」即能自動辨識蔬菜與水果，在螢幕上清楚顯示正確蔬果名稱、重量及價格，消費者可以透過此種設備，隨時以自助化的方式獲得所需資料。這些新科技的設置為消費者帶來新的便利服務，更重要的是它發揮了相當強而有力的提升力量，為零售業者開創新營運模式。

根據研究報告指出，無線射頻辨識系統可讓零售物流業平

均減少10%的損失或增加收入，全球零售業者目前都在試驗將無線射頻辨識系統技術應用在智慧型貨架、自動結帳系統、倉儲物流補貨系統等，以節省成本，增加收入。而國際數據資訊也預測，隨著製造商和通路商自掏腰包投資，以因應大賣場的無線射頻辨識系統新措施。無線射頻辨識系統相關的服務市場規模，可望在2007年攀升到2.7億美元左右的高峰。此外，國際數據資訊更進一步指出，美國零售供應鏈的無線射頻辨識系統支出，可望從目前的1億美元左右，升高到2008年的13億美元。

就國內市場而言，目前工研院系統中心已研發第一片無線射頻辨識系統電子標籤，以取代傳統的條碼。而IBM也在幫飛利浦高雄廠建置一套運用無線射頻辨識技術的物流配銷系統。由於現今無線射頻辨識系統的技術仍屬高成本，且尚需提高商品讀取率及克服消費者隱私權的問題，大部分的國內零售業者對這項新興技術都還在觀望中。

台灣零售業者目前正面臨轉型時機，若能在顧客方便與隱私權之間取得平衡點，運用先進的無線射頻辨識系統技術將可為客戶創造最佳的消費經驗。

# 6 生物科技

## 尖端科技驅動生命科學

生命科學與一般產業相比，對於資訊科技需求只能用「嚴苛」
二字形容。在生物科技領域中應用資訊技術，至少可以縮減30
～50％以上的研發時間，有效降低研發成本並加速產品的上市
速度。

　　生命科學產業被視為繼資訊業之後，21世紀的熱門明星產
業，也是台灣未來最有潛力的新興產業之一。根據經濟部工業
局預測，台灣生物科技產業到2006年將達到30億美元（約等於
1,082億新台幣）的市場規模。國際數據資訊2003年發表的產業
報告也顯示，亞太區在生物科技方面的IT資本支出，到2006年
將達到48億美元；台灣在生物科技領域的IT資本支出，則將達
到3.47億美元，位居大中華區第一名。從統計數字看來，科技
日新月異，生命科學的研發比任何產業更需要依賴資訊科技的
技術。

# 生命科學的嚴苛

　　生命科學與一般產業相比，對於資訊科技需求只能用「嚴苛」二字形容。生命科學的特性是，就算研發目標達成了99.9％，只差0.1％，仍是差之毫釐，失之千里，絕不允許任何一絲毫的誤差。因此，如何利用精密、尖端技術的研發，強化台灣在國際生技研究領域的優勢，是目前眾所關心的議題。

　　一般傳統藥品開發至少需要花費約90～150億台幣，耗時約十二至十五年。然而資訊技術的應用，衍然成為生物科技領域中最重要的效率工具，至少縮減30～50％以上的研發時間，可有效降低研發成本並加速產品的上市速度。

　　舉例來說，美國加州聖地牙哥的結構生物資訊公司（Structural Bioinformatics Inc.；SBI）是計算蛋白質體學的領導者。他們利用蛋白質結構資訊來開發藥物，治療癌症、心臟血管等疾病。結構生物資訊公司最大的挑戰，在於如何以最低的成本，以更快的運算速度計算出的數據結果，才能為客戶提供更好用、更可靠的研發成果。

　　經過審慎評選，結構生物資訊公司採用了完整的IT解決方案，帶來相當顯著的效益。舉例來說，以每筆計算過程的效能標竿成本來看，從原先28美元大幅降低至1美元以下；在運算負載能力的效能上也提升75％，讓數以萬計的蛋白質結構得以快速比對。結構生物資訊公司以少於六個月的時間就順利完成

整個專案中最為複雜的工作，甚至超前原定進度，這樣優異的成效令人驚訝。

## 運用IT效率高

賓州大學與美國橡樹嶺（Oak Ridge）國家實驗室合作，結合賓州大學、芝加哥大學、北卡大學以及多倫多等地的醫院資料，運用網格式運算建構一套醫學紀錄資料電子化系統。透過大量分散的電腦傳遞運算資料，再經由網際網路將資料連結，把數以千計的醫院病患資料數位化，以減少昂貴的X光片需求。而醫院也能經由安全的網際網路入口網站連結網格式運算，經過授權的醫生能夠自行上傳、下載及分析數位化的X光片資料，隨時查核病患是否有潛在的腫瘤或其它疾病問題。

透過資訊科技，讓醫療單位有效管理、儲存龐雜的檔案資料，更快速地調閱病患過去的病歷資料，減少額外的費用和醫院耗時的紙上流程作業，大大提升對病患醫療的時效性及安全性並相對減輕醫療負擔。

我們相信生命科學對人類健康福祉的貢獻，因此，IBM早在多年前就積極投入生物科技領域的研發，也是唯一大量投入研究資源在生命科學上的IT公司，在生物運算及平行運算領域，協助解決許多複雜的生物科技問題。除了與學術界間的交流之外，IBM也與國際大藥廠合作，利用資訊科技研發新藥。

在台灣地區，IBM去年即與中研院、國家高速網路與計算中心、陽明大學進行各項研究合作，進行包括基因蛋白質序列比對、新陳代謝途徑的研究。

## 網格運算分享資源

在生技研究的應用上，IBM倡導以網格運算作為生技研究中的實體架構。所謂的網格式運算概念，重點在於分享運算資源，假設現在台灣有一座運算中心，日本也同時有一座運算中心，當對方運算容量不能負荷時，系統會自動傳遞到台灣來做資料運算，利用各地區有空閒的計算能力及儲存空間，運算好後再傳回原主系統上，這樣具備彈性的技術將對生物科技發展及研究產生重大的影響。

長久以來，生命科學領域累積了科學家們數十年來的研究結晶，如：人類基因研究計畫、動植物研究……等，而這些寶貴的資料正等待頂尖科技技術，來進行完美整合與卓越突破。

# 第三部

# 科技創新

# 創新，以數位虛擬掌握速度關鍵

在高度競爭的商業環境中，企業必須找到加快創新速度的方法，同時兼顧獲利的增加；而「數位虛擬」正是在這個充滿時間壓力的環境中，為企業增加競爭力的強力武器。

市場競爭的不變法則，就是以較短的時程與較大的獲利來開發新產品；市場競爭越激烈，新產品的生命週期也越短。以目前商品開發的速度來看，平均一項新產品的生命週期頂多維持數星期，馬上又被更新的產品所取代，前仆後繼的速度令人措手不及。

這是商業環境的殘酷事實。我們永遠希望都以更佳的行銷方式、更好的產品品質拉開與與競爭對手之間的距離。若無法快速對市場做出回應，無法進行快速或大幅度的改變，很快就會淹沒在這股持續追求創新的洪流之中。

在這樣高度競爭的環境中，企業必須找到加快創新速度的方法，同時兼顧獲利的增加；而「數位虛擬」正是在這個充滿時間壓力的環境中，為企業增加競爭力的強力武器。

# 數位虛擬可壓縮研發時間與經費

數位虛擬是一種以數位化方法替代實體測試的模擬概念，是一種全面數位化的產品顯示法，其中包含了3D幾何模型，加上實際製造產品所需的所有支援資訊，甚至包括無法用視覺呈現的特質，如速度、重量和價格等等。

以往，製造商仰賴電腦輔助設計軟體（CAD），作為表示產品的規格與設計目的。然而現在的趨勢則是進一步將電腦輔助設計軟體、系統與產品資料管理（PDM）系統相結合，建立一個跨企業平台，並和主要供應鏈的上下游廠商相互連結，以利於同步協同設計。利用數位虛擬，企業無須經歷建造、測試或者破壞大量昂貴的實體原型的過程，就可評估不同設計概念、執行多項產品測試，並且準備製造工具和製程。例如造船廠可透過數位虛擬讓船隻「沉入」海中，以測試緊急疏散路線。

類似這樣的虛擬測試也漸漸受到汽車業的歡迎。IBM目前正與愛荷華大學的研究人員合作發展一種模擬器，讓工程師可以虛擬「試駕」仍在設計階段的車輛，而產品小組在各種條件下測試車輛的性能，能在生產車輛前找出潛在的安全性問題。

以數位虛擬測試的概念可讓上述製程同時進行，如此便能省下好幾個月的發展週期，更重要的是，數位虛擬可為企業省下許多研發經費。

# 進行數位虛擬前的內部檢核

在一般的製程中，產品是由公司的產品開發小組使用各種工具、方法和流程製作出來的心血結晶，而現在，企業更可利用網際網路和數位化無遠弗屆的強大威力，為「創新」帶來嶄新的視野，那就是使用數位虛擬進行企業整合。

在進行數位虛擬之前，IBM建議企業可先根據以下幾點作內部檢核，才能使企業數位虛擬化的腳步走得更順暢：

●企業利用資訊科技來加快產品開發和創新速度的準確性為何？

●企業是否使用一個定義完整，並為內部充分瞭解使用的結構型產品開發程序，將創新的產品配送到市場？

●企業在哪裡使用虛擬產品與電子協同合作，以降低成本並增加企業額外的收入？

●企業是否已經將虛擬產品的觸角延伸到設計之外──運用在測試、生產和售後支援上？

●虛擬產品技術是否僅為科技專家所用，還是每個與產品相關的人員都可使用？

●是否已經將地點和部門以及合作夥伴和主要供應商在整合的環境中結合，並且同步分享？

●董事會是否已同意廣泛使用數位虛擬以達企業轉型責任？這個責任是否落在對企業變革有足夠影響力的主管身上？

●企業是否積極往全面使用數位虛擬產品的目標邁進？是否有清楚並且容易達成的藍圖來幫助達成目標？

根據以上的檢核項目仔細並誠實地評估，才能在創新的洪流中站穩腳步。在市場競爭法則中，企業經營目標永遠呈現變動狀態，原地踏步的企業可能落於人後，創新的速度刻不容緩。所以，現在正是企業開始思考如何運用數位虛擬，爲研發與製程進行全面性整合的絕佳時機。

# 7 資訊數位化

## 數位內容資產管理市場起飛

根據邱比特研究中心（Jupiter Research）的調查報告顯示，目前台灣企業資訊平均每六到八個月，即以雙倍速度成長。預計至2005年，整個台灣數位內容資產管理市場規模，將達到目前的兩倍。

　　隨著電子商業模式的普及，越來越多企業體認到建置數位內容資產管理系統的重要性。從媒體、娛樂、教育、電信、電子到製藥業等，這些產業都面臨相當多樣化的擷取、儲存與交換資訊的環境。因此，這些產業的經營者相當在意如何在安全無虞的環境中，順利地流通與交換資料。

　　究竟數位內容資產管理系統能替產業做些什麼？或者更具體地說，此一新的技術趨勢能為企業帶來哪些益處？在過去幾年裡，全球IBM花費相當多的心力耕耘此一市場，並協助許多企業或組織建置一套完整的數位內容資產管理系統。以下是我們過去的一些成功案例：

# 可口可樂百年歷史數位化

在IBM全球資訊服務事業部的協助之下,可口可樂公司已採用最新的數位內容管理科技,成功地協助其建置數位內容資料檢索系統。這套數位內容管理系統有效地累積了可口可樂公司百年的行銷與廣告資料,並可經由企業內部網路傳送至全球兩百多個國家的分公司,大幅提昇了員工的工作品質與效率。

這套系統總計儲存了超過9,000個圖檔、7,000份文件,及2.5萬支電視廣告與企業形象短片資料庫。全球使用者只要在彈指之間,即可進行搜尋、整理、傳送、儲存、更新與管理等工作,發揮即時溝通與協同合作的成效。

這項看似簡單卻耗費大量心力的工作,的確改變了可口可樂公司進行行銷、廣告,甚至執行員工訓練的模式。在過去,台灣市場的產品上市活動,可能必須等到整個專案結束後,方能分享給全球其他市場。

現在透過這一套數位內容資料檢索系統,台灣市場產品上市活動,可以立即分享與傳送至全世界行銷人員,大幅縮短了時間與空間的距離,也讓可口可樂成為一個真正的全球性品牌。

# CNN建構全球新聞數位化

這項從1999年即展開的專案，主要是由IBM、新力（Sony）與CNN共同攜手完成。這套專門爲CNN量身訂做的數位內容資產管理系統，爲全球最大型的電視數位內容資產管理系統。

這項系統提供了CNN數位內容的管理基礎架構，可以妥善的保存、搜尋與傳送過去二十一年來、共計十二萬小時的影音資料，提供給分佈全球35個據點、超過3,500位CNN員工使用。

這項專案讓CNN由以往類比式的傳播製作系統，成功地轉換至數位化系統。由於CNN的產業特質十分特殊，其所需的是一套根植於業界開放標準、處理未來整合、移植與拓展業務等需求均無虞的系統。這項創新的數位內容資產管理系統，不僅可讓CNN保存兼具歷史性與市場價值的檔案，並能以數位方式傳遞資料，提升現行媒體運作的效率。未來，CNN除了線上的數位內容資料庫，更計劃進一步對外界進行影片銷售，或資料交換的工作。

## 維康（Viacom）集團建構數位內容管理架構

透過IBM的解決方案與專業諮詢服務，旗下擁有MTV頻道、派拉蒙電影公司與CBS電視網的媒體巨人維康集團，正積極規劃數位化娛樂服務系統，以有效管理其遍布於無線電視

網、有線電視、廣播與網際網路的各種節目與廣告。

例如，派拉蒙影業出品的電視影集「星艦迷航記」（Star Trek），正走向數位化。維康集團期望以數位化管理，保存珍貴的內容資產，更進一步發展無線內容傳輸、數位化隨選即用服務等多樣化業務。

對維康數位媒體集團而言，在採用IBM的數位內容管理解決方案之後，不但直接強化了其資訊基礎架構，更增加跨部門與跨企業間的工作效率，創造新的業務方向，企業支出更明顯降低，進而建立更強大的競爭優勢，得以提供消費一流的娛樂內容。

事實上，許多與數位內容相關的行業如電視、電影、動畫、遊戲、唱片、線上學習等製作公司都面臨類似的挑戰，也就是該如何管理及充分運用其既有的內容寶庫。從IBM過去的成功經驗來看，這當中不僅需要內容檢索系統的資料庫、媒體資產管理應用程式等軟體，更需要富有產業經驗的資訊服務顧問，方能成功地建置企業專屬的數位內容資產管理系統。

# 數位化提高資訊使用率

數位內容憑藉的是創意,強調的是智財權,因此可以擺脫台灣勞力密集代工的傳統形象。然而根據邱比特研究中心的調查顯示,仍有超過85%的企業資訊無法藉由資料庫進行處理,其中以數位方式管理的還不到5%。

汽車製造、金融、電信、電子及製藥等產業目前都面臨一項全新的課題,那就是得從多樣化或不相容的資料來源中,擷取、儲存、整理及交換資訊,而資料流通還必須在安全無虞的環境中進行,這確實是一項不輕鬆的挑戰。

何謂企業資訊?資訊應該如何數位化?企業資訊包括產品資料、研發文件、合約報價、與客戶往來電子郵件、互動網頁內容、教育訓練平面及影音資料等,將這些原本為實體或類比的資料予以數位化,以方便傳輸及管理。

## 節省蒐集資料時間

企業內容管理的終極目標是資訊一旦產生,未來即可反覆利用,不僅交換容易,花費在資料管理、查詢與檢索上的時間也會大幅降低。

國際數據資訊公司分析師曾經換算，一家擁有1,000名白領階級員工的企業，若能有效管理及運用企業內容，每年至少可以省下600萬美元的支出，員工節省蒐集資訊的時間，就是為企業創造財富，印證了「時間就是金錢」這句俗諺。

因此，隨著電子商業的普及，越來越多的企業主將體認到建置數位資產管理系統的重要性，並對整合式的解決方案需求越加殷切。

旗下擁有國家地理雜誌與國家地理頻道等知名媒體的美國國家地理學會（National Geographic Society; NGS）便十分了解箇中道理。由於國家地理學會擁有上千萬張精彩照片與影像，包括文化、探險與自然風光，近來開始著手建立數位內容資料庫，選了一萬多幀精彩影像加以數位化，並預計每年增加3,000張，讓分處全球各地的客戶能夠挑選、購買或直接下載經典影像。對企業來說，僅是建立數位內容並不夠，必須有適當的機制讓這些數位內容能夠在企業內外部流通、共享、使用、回饋及更新。

## IBM發展知識工廠

以IBM為例，IBM整合全球開發數位內容及學習課程的經驗，發展出一套完善的方法及工具，名為「知識工廠」（knowledge factory），知識工廠不只是一套方法論，同時也包

含協同工作流程、組織運作及課程開發工具，用以提高數位內容開發的品質及效率。

目前，IBM在全球已經建立了16個知識工廠，其中5個位於亞太區；基本上，IBM並不將知識工廠作為一般產品銷售，而是定位成提升服務品質及生產的內部工具，主要目的是服務IBM內部及外部客戶，做為數位內容開發的工具。

台灣IBM公司2002年首開先例，將知識工廠方法及技術轉移給資策會，協助資策會培訓數位學習課程開發團隊，提升課程開發效率，同時希望藉著引進IBM全球技術，協助建構台灣整體數位環境。IBM目前投入於數位內容管理平台開發、人力發展顧問及客製化數位學習內容開發等的專業人員超過4,000人。

## 評估數位系統的標準

至於企業如何評估數位內容管理系統，我們提供了以下幾項原則，包括：能在不同的地點搜尋不同格式的資料、企業內外部人員得以互相溝通、快速、安全性高及較低的總體擁有成本（total cost of ownership; TCO）；此外，企業在規劃數位內容管理時，應該建立數位學習及數位內容管理的共用平台，有系統、大規模地選擇適當的全球數位內容管理廠商，進行技術轉移及商業合作，以快速地提高企業資訊的使用率。

整體而言，台灣的資訊、通訊及硬體產業皆具備相當的優

勢,出版品、雜誌、有線電視節目等市場亦蓬勃發展,這些都是發展數位內容的利基。數位內容憑藉的是創意,強調的是智財權,因此可以擺脫台灣勞力密集代工的傳統形象,達成以「腦力」及「創新」提升利潤、創造差異化的目標,並將各產業的核心關鍵知識根留台灣。

# 8 無線入口網站的商機

## 無線入口網站打開無限商機

無線入口網站（mobile portal）的重要性日益提升，不僅提供使用者獲取各類資訊的重要媒介，更成為無線通訊業者生財的重要來源！

　　許多人都曾在報章雜誌或電子郵件（e-mail）上看過無線通訊服務的廣告，當中大肆宣揚可利用手機及無線入口網站，接收電子郵件、閱讀新聞、獲得娛樂情報、購物等方便的生活。這個看似簡單的動作，正策動無線通訊產業的新發展──從原本所謂的通訊服務產業，轉變成為以資料為主的內容產業。在此一轉變下，無線入口網站的重要性日益提升。它不僅提供使用者獲取各類資訊的重要媒介，更成為無線通訊業者生財的重要來源。

　　我們可從幾個面向來討論如何建置、經營與維護無線入口網站。

# 無線入口網站的最大挑戰

整個產業的發展趨勢已明顯地指出，無線入口網站的成功關鍵因素來自於準確的自我定位、合理的服務價位、新技術及新服務的快速導入、便利的交易功能，以及使用者的習慣養成等五大部分。

這當中以「使用者的習慣養成」部分最為重要。根據尼爾森‧諾曼集團（Nielsen Norman Group）研究發現，大多數消費者已了解透過無線入口網站所瀏覽的資訊，與透過一般電腦所瀏覽的介面有所不同。這其中高達90％的使用者認為，無線入口網站提供的資訊較少。

因此，大多數消費者希望未來能得到相同內容的資訊。至於使用意願上，由於所提供的資訊較少，再加上其他使用上的不便，90％消費者表示未來一年之內，將不會購買任何無線入口網站服務。

這項調查多多少少反應了無線入口網站目前所面對的挑戰——談論的人多，但真正使用者少。事實上，一個成功的無線入口網站必須吸引消費者的興趣，並且不著痕跡地使其養成習慣，使無線服務真正成為其生活的一部份，方能增進使用頻率與偏好，進而才能替業者爭取穩定的利潤來源。

# 以使用者立場思考無線入口網站的經營

至於經營者該如何建置一個成功的無線入口網站？這牽涉到內部技術、服務及網路架構的整合。較可惜的是，大部分的無線通訊業者抱持著做好了無線入口網站，自然會有人使用的心態，以至於無法引起顧客的瀏覽興趣及購買慾望。

在此提出一些策略，作為經營無線入口網站的思考起點：

● 顧客策略：如何吸引顧客使用無線入口網站；如何營造便利、價格合理、易於使用的無線網路環境等。

● 內容提供者策略：無線通訊業者要與什麼樣的內容提供者結盟，提供使用者更多、更豐富的選擇？同時，無線通訊業者更必須決定提供什麼樣的內容，如何提供，以及何時提供等課題。

● 技術策略：無線通訊業者必須跳脫現有的市場狀況，界定未來技術的發展方向。技術的發展可歸類成四大類：通訊、計算、應用、整合技術。在這當中最重要的一點是如何緊密地整合，並連結不同種類的技術，包括軟體、設備、網路解決方案等。良好的技術策略可改善使用者的經驗，並提升使用頻率，使無線通訊業者獲取利潤。

● 網路策略：無線通訊業者如何與策略夥伴合作，以提供最有價值的服務。策略夥伴可能是內容提供者、設備提供者、帳務及付款服務提供者。這當中包括：利用網路服務營運模

式，提供策略夥伴端對端頻寬解決方案，包括網路安全、認證、帳務及付款服務，發展能夠掌握網路架構、頻寬、流量管理的工具，提供具安全性的開放網路環境，提供加值服務。

雖然「無線入口網站」還在萌芽階段，國內有部分的無線通訊業者也開始推行。但是，在可預見的未來，無線入口網站必然會影響顧客的行為、創造未來的商機，甚至改變無線通訊業者的商業模式。

# 將intranet視為企業的另一個品牌

從過去到現在，intranet從單純的網頁，逐漸演進為具有個人色彩的入口網站，接著，更具備企業網絡整合、資訊管理的功能，並為企業溝通的模式開創了新局。

IBM在1998年的年報中，曾對intranet做了這樣的比喻：「任何企業的電子商業機制，終究回歸於intranet這個家」。同期IBM的年報封面，更為intranet下了這樣的定義：「intranet，本身就是一家新成立的公司。」從過去到現在，intranet從單純的網頁，逐漸演進為具有個人色彩的入口網站，接著，更具備企業網絡整合、資訊管理的功能，並為企業溝通的模式開創了新局：intranet從一個很單純的公告工具，逐漸演變為一項管理工具。

事實上，intranet不但重組了生產力、工作流程、企業溝通的各項功能，它更成為企業核心事業流程的平台，具有多樣化的機制。所以我們說，intranet本身就是一家新成立的公司。

架設公司網站的第一要件，來自企業內部的覺醒與決心，同時，必須對intranet加以投資。以IBM為例，為了瞭解intranet這家全新公司的使用者需求，企業溝通部門必須負責蒐集並整合使用者經驗；IT部門負責技術工程架構及應用建

設：而全球服務部門則負責日常維護及支援；同時，intranet
也需要行銷宣傳計畫——就像成立新公司一樣，您必須創造新
的體系。

此外，在intranet當中必須設計一個回饋系統，將使用者
的意見作爲intranet進階升級的跳板，回收既有的投資。您必
須照顧您的顧客，擁有改善使用者經驗的信念，因爲intranet
的成功關鍵就在於「使用者經驗」及「資訊架構」。而且，就
像任何一家新成立的公司，您必須擁有創新的點子——抓住它
們，並利用它們。

IBM的intranet（在內部我們暱稱爲「W3」）在2000年11月
開始啓用，具有人性化、具即時性，功能強大而完整的特性。
IBM的intranet有兩大特色，第一：在不同的公司，有一致性的
設計和搜尋體系；第二：採用一個新的型態系統，將網站分成
四大部分——公司策略、工作及團隊、電子商業的應用、個人
與IBM的關係（包括福利、津貼、及職業生涯的發展）。而且，
IBM的網路團隊以及研發實驗室，創造了一個有獨特優勢的網
站應用，能將「W3」從原本的使用功能提升到生產層級。

舉例而言，IBM的intranet有個名爲「persona」的機制，
它是「W3」裡的一項特色，作用是做爲員工進入「W3」之後
的線上指引。在「persona」，員工可以描述他的工作、負責的
專案、團隊、事業領域及學習興趣。這些可以連結至網站位
址、簡報、白皮書或任何他認爲有價值、可查閱的資產。

「persona」成爲受歡迎的頁面，使用者可以很快的找到具備任何主題專長的行家。在過去，可能受限於硬碟權限，員工無法查詢這些資訊，但現在，intranet打破了這些限制，這也是促進知識管理越來越民主的因素。

對IBM而言，intranet相當具有策略性意義。它是工作流程、企業文化、企業品牌的一項媒介，它擁有合約般的堅定承諾，釋放心靈，促進交流。事實上，IBM將intranet提升至另一個階段，它不僅是媒體、工具，也是營運作業的推動力、個人行爲及企業文化改變的催化劑。也因此， IBM不會以匿名的、沒個性的方式去經營intranet，而是將intranet視爲品牌本身，也就是一個全新的IBM品牌。

# 9 行動未來

## 企業行動化　速速啟動

無論從使用者端，或是企業端來看，行動電子商業已經成為下一波電子商業的發展主流！

　　根據麥肯錫市場調查報告顯示，全球行動商業市場至2005年，將有1,900億美金的經濟規模。很顯然地，行動電子商業已經成為下一波電子商業的發展主流。但是，在這波潮流之下，各行各業究竟該如何展開「企業行動化」的工作？根據IBM過去的經驗，我們可從觀念、應用與具體做法三大層面談起。

### 企業行動化

　　所謂的「企業行動化」是指整合企業整體的資訊架構，包括有線與無線兩大部分，進而讓企業資訊與資源突破現有的限制，隨心所欲地進行加值運用，因而達成企業內外最大的效益。

　　在此一觀念下，企業行動化的應用通常會被區分為「企業

對企業員工」，以及「企業對企業」兩大類。所謂「企業對企業員工」主要包括即時管理，員工可透過行動裝置及無線系統在遠端即時擷取公司內部資源，如公告資訊、業務流程等。因此，在外工作的員工將不會受限於地點，而延遲手上的工作進度。

此外，資訊分享也是「企業對企業員工」應用很重要的功能，一般包括企業線上學習、知識管理等。最近幾年比較有趣的發展是，企業資訊分享的系統及裝置已日趨個人化。從筆記型電腦、PDA，甚至未來廣泛被應用在大哥大上，都能讓員工感受到「知識無所不在」的威力與魅力。

至於在「企業對企業」應用部分，大多數企業則較在意即時資訊的蒐集。例如，透過企業各零售點或終端點的行動裝置，隨時傳回的資訊，如銷售、退貨或進貨等，可以讓企業與廠商之間的往來關係，永遠在最即時的狀態。

另外，企業上下游之間電子化訂單的做法，也是「企業對企業」部分最常被應用的實際案例，除了可以提升行政作業效率之外，更可以降低作業成本。

## 具體做法

從宏觀產業角度來看，台灣企業行動產業的發展，主要包含中介軟體、整合服務，以及硬體設備等三大部分。在中介軟

體與整合服務上，目前較積極且較有經驗的多半是資訊科技業者，他們會從現有資訊科技系統切入，協助提供整合有線與無線的解決方案。

IBM自1996年起，即開始提倡普及運算，乃至1999年進階至普及電子商業，IBM算是很早就投入企業行動化的企業。因此，我們擁有一些協助產業發展與建置的經驗，根據以往的做法，我們會幫助企業客戶結合舊有系統進行e化，以及進一步發展行動解決方案。

## 選擇夥伴

至於從微觀的企業個別需求來看，我們會建議企業在選擇合夥伴時，可從下列幾個角度思考：

- 雄厚的研發能力與技術
- 優良的技術傳承與經驗
- 點對點的完整解決方案與服務
- 全球的調度資源與運籌能力
- 完整的產品與技術

過去幾年，IBM曾協助不少企業建制行動電子商業解決方案，例如協助南山人壽打造e-agent PDA解決方案，使其保險業務員可為保戶提供即時且完整的壽險線上服務。另外，IBM也曾協助玉山銀行，發展完整的行動銀行解決方案。我們非常

樂意協助更多的企業進入行動化的世界，更期望早日實現台灣產業行動化的願景！

## 後續作業

畢竟，企業行動化不能單靠軟硬體，更重要的是後續是否真的能上線、運作上是否順利等諸多因素，都有賴一支堅強的服務團隊，讓企業行動化得以真正落實。

在硬體設備上，台灣目前較積極發展資訊家電，也就是使用者端的相關設備。在此一領域，IBM也採取相當積極的做法，希望透過與國內資訊家電廠商合作的方式，結合IBM先進的嵌入式解決方案技術，共同發展更具競爭力的資訊家電產品。我們的努力是希望讓使用者能享受到隨時隨地、隨心所欲且無遠弗屆的行動化生活。

# 如果有一天世界變成棋盤

當使用者將個人電腦開機，或啟動其他可上網的設備時，不僅可以使用自己電腦上的資源，還可取得全世界虛擬電腦的資源；網格運算的應用，透過網際網路穿針引線，讓各式各樣組織得以分享資源。

過去十多年來，網際網路已顯著地改變了企業與個人的工作方式，甚至已經變成像大棋盤一般，成為一種「網格運算環境」（grid computing environment）。究竟什麼是網格運算？對企業組織有那些助益？未來還會有那些新發展？

## 讓世界變成棋盤

所謂網格運算是指，當使用者將個人電腦開機，或啟動其他可上網的設備時，不僅可以使用自己電腦上的資源，還可取得全世界虛擬電腦的資源。這可能包括分布於整個網際網路的運算能力、儲存空間、應用程式、資料、輸出入設備等等。

此一運算模式特色在於「分享」！透過網際網路的穿針引線，讓各式各樣組織得以分享資源。以往，企業若要進行複雜的科學研究，或消費者行為分析時，必須投資龐大預算於資訊

設備。有了網格運算後，企業只需運用現有科技成本的一小部分，即可獲得更強大的運算能力。因此許多企業執行長和財務長，已開始考慮採用網格運算架構，以獲得更充沛的網路資源。

至於網格運算對企業組織究竟有那些助益？我們可以從下列實例了解相關的應用狀況：

## 波音公司飛機設計開發專案

設計飛機是一件非常複雜且嚴謹的工作，需要設計單位與製造團隊緊密的協同合作。為此，波音公司特別運用網格運算，將位於不同地區的設計團隊連接起來，如同大家在共用一部超大型電腦一般。假設位於芝加哥的引擎設計團隊做了一些變動，遠在紐約的起落架設計團隊馬上就知道，並作出相對應的修改，大幅提升了研發速度與效益。

## 賓州大學乳癌診治計畫

這項由賓州大學主導，北美上百個醫學中心與診所參與的計畫，主要是以診治追蹤乳癌病患為任務。該項計畫的第一步是將診斷乳癌用的 X 光片數位化，取代昂貴且保存不便的膠片。

此外，透過網格運算機制，賓州大學將存有乳癌X光資料的醫療機構連結起來。如此一來，病人即使因為遷移而在不同的醫院治療時，醫師都能透過此一技術將病人完整的乳癌X光資料作一分析。這使得醫師能夠對病人病情與病史的掌握更加準確。

這種技術不需像傳統的資料倉儲技術，必須將資料彙整於某一處，大幅的節省資訊設備投入及管理人力成本。

## 聖地牙哥大學人類腦圖（brain mapping）研究計畫

人類腦圖研究計畫是運用核磁共振顯影儀（MRI）來取得資料，而這些資料需要極為龐大的儲存空間。因此，在運用多台核磁共振顯影儀比較不同人的腦部顯影圖時，核磁共振顯影儀使用必須達到一定的效能，各中心之間必須互相合作。透過網格運算機制，聖地牙哥大學研究人員正針對阿滋海默症、精神分裂症、帕金森氏症、多發性硬化症，以及各種神經疾病進行更深入的了解，並進而開發這些疾病的治療方法。 這個例子充分顯示出，網格式運算可為研究工作帶來極大的貢獻。

# 國家高速網路及計算中心TIGER（Taiwan Integrated Grid for Education & Research）計畫：

此一計畫主要著眼於未來指標產業的發展及整合的需求，例如生化科技、奈米科技產業等，皆需高速的運算環境進行模擬與測試研究。

因此，國家高速網路及計算中心（簡稱國網中心）與IBM合作，引進全球資源與最新網格運算的技術，擴大台灣可運用的資源與提升技術能力。另外，國網中心更希望能邀請各研究單位與廠商共同加入，運用公開的高速平台，建置國內共享的研究資料庫。

展望未來，網格運算若要達到商業普及的目標，有賴產業中的上、中、下游的相關業者攜手合作，共同建立開放性的標準，以達到資源共享的目的。在預算有限、運算需求日益增加的情況下，發展網格式運算的時機已日漸成熟，勢將成為下一代新世紀的科技潮流。

# 第四部

# 企業經營管理

# 10 企業再造

## 變革管理　邁向再造之路

從一家賣打字機的公司，到今日全球最大的資訊服務公司，
IBM曾走過漫長的變革之路！

「三折肱而成良醫」，對於變革，IBM並不陌生。從一家賣
打字機的公司，到今日全球最大的資訊服務公司，IBM曾走過
漫長的變革之路。為實際舉證變革管理的重要，我們願以IBM
的親身經驗作為他山之石供大家參考。

身為全球最大的資訊服務公司，IBM在80年代擁有輝煌的
經營成就；連續五年獲《財星雜誌》評為最受推崇的公司。在
彼德士（Thomas Peters）所著的《追求卓越》（"In Search of
Excellence: Lessons from America's Best-Run Companies"）
一書中，IBM更被列為經營典範。

但從1990年起，由於高科技產業的市場需求改變，廠商的
獲利模式與過去不再相同，再加上競爭對手如雨後春筍般崛
起，這使得IBM面臨空前的挑戰！

當時的IBM並未能迅速反應環境遽變，以至於從1991年開始出現營運虧損；1993年的虧損更高達近80億美元。這三年之間，IBM的股價從117美元一路下滑至40美元左右，IBM完全陷入財務窘境。

為了拯救藍色巨人，IBM董事會開始找尋可行的「解藥」。最後，IBM於1993年正式邀請時任納比斯可餅乾公司（Nabisco Company）的執行長葛斯納，加入IBM擔任董事長兼執行長。加入IBM之後，葛斯納即刻擘劃改造的工程。

## 四大重點　五大策略

在經過診斷之後，他發現IBM經營危機來自於未能迅速反應產業變化、產品設計各行其是、客戶關係漸行漸遠、企業資源欠缺有效整合、組織運作日漸僵化，以及封閉孤立的技術系統等原因。因此，他明確勾勒出「提升獲利能力」、「加強市場競爭力」、「增加股東權益」，以及「加速業務成長」四大變革重點。

同時，他也提出「提升客戶滿意度」、「加強技術研發投資」、「重建資訊服務業務及團隊」、「精簡營運成本/建立高績效文化」，以及「開創網路運算領域的領導地位」五大變革策略，期望再度建立藍色巨人的領導地位。一般認為，在這些變革策略中，「開創網路運算領域的領導地位」為最具影響力

且開創性的做法。

1993年，在大多數企業都還不太清楚網際網路能做些什麼事的時候，IBM即預測網際網路可應用在商業領域，協助企業提高運作效率。因此，葛斯納提出「開創網路運算領域的領導地位」的變革策略，其實就是希望IBM能借重網際網路這項工具，將企業內外部的作業流程網路化，以轉型爲一家眞正的電子商業公司！

根據這樣的策略，IBM分別以三階段方式完成變革的策略規劃與執行。第一階段期間自1993～1995年，主要任務包括財務及人力資源的分配與重建。IBM花費280億美元大幅更改人事資源與體制，並針對業務、服務及產品等事務進行相關業務垂直整合，務使整個公司運作能更朝向客戶導向。

第二階段則是自1996～1997年，主要任務包括建立整合供應鏈（包括採購、生產、後勤支援）、整合產品線、重建客戶關係管理的採購流程改革，以及建立企業核心流程的統一標準化與制度化。透過這一連串的行動，IBM眞正做到讓全球各地的分公司皆採用同一套作業系統，並且大幅改善作業效率，降低經營成本。

第三階段爲1998年至今，主要任務爲完成「ibm.com」，並進行電子採購、電子交易，以及電子關係維護（e-care），包括對企業夥伴、媒體及顧客的關係管理。此變革行動讓IBM成爲一家眞正的電子商業公司。到了2000年，IBM產品與服務透過

線上交易，創造了240億美元的銷售量，已超過全年銷售總額的25%。

## 辛勤改革　甜美收割

由葛斯納領軍的再造之路，逐漸地展現在IBM年度財務報告上：1994年起IBM轉虧為盈，獲利自1994年至2000年穩定向上攀升，創下連續六年營收成長紀錄。1999年股價更創歷史新高，達139.19美元。

目前，IBM不僅是全球最大的資訊硬體、資訊服務、資訊系統租賃與融資公司，也是全球最大的資訊科技研究機構，平均每年投資近60億美元於研發。

邁向成功的再造之路並不容易，企業除了需擁有明確的方向、清楚的策略，更需確實的執行力。經由IBM重生的故事，我們明瞭企業唯有不斷的加強與改進，方能保持在市場上的最佳競爭力，謹以此與所有經營者共勉！

# 資訊委外　推動企業改造

目前除了傳統電腦中心委外，多元化委外服務包括：作業流程委外、商業績效委外、系統整合和異地備援等。

近幾年來，台灣產業面臨加入WTO後的全球化競爭，加上金融控股公司合併，市場競爭越趨激烈，大型企業亟待轉型者甚多，因此帶動全新的IT委外服務需求。所謂的IT委外（e-sourcing）是指一般企業將IT管理委託給專業的IT服務公司，也就是實踐「將專業的事交給專業的人處理」的經營觀念。 舉例來說，有些行業如：金融、流通業的資訊應用系統繁多複雜，自行建置不易且成本高，如果將IT管理委外，不僅能降低風險與成本，更可藉資訊科技提升業績。目前，除了傳統電腦中心委外，多元化的委外服務包括：作業流程委外、商業績效委外、系統整合和異地備援等。

## 委外服務更進化

事實上，IBM很早就洞悉「服務」的重要，IBM前董事長兼執行長葛斯納是全世界第一個將e化服務當作商業工具的執行長。有鑑於市場需求改變，IBM在1997年成立IBM全球服務

事業部，此外，IBM更於2002年合併適華庫寶（Pricewaterhouse Coopers Consulting; PwCC），將適華庫寶全球3萬名員工全數納入IBM全球服務事業部，整合為全新的事業單位——IBM業務諮詢服務事業部（Business Consulting Services; BCS）。

然而，企業要在競爭激烈、瞬息萬變的全球市場上占有一席之地，單純的IT系統委外已經不足以因應國際市場的挑戰，委外服務的應用也因此進化到更高的層次。具前瞻力的企業開始透過新的委外模式，進行策略性的企業改造（strategic business transformation）。

據觀察，委外服務已經從最早的IT系統委外，發展到客戶服務、人力資源管理、會計、出納等商業流程委外（business process outsourcing; BPO），委外的服務項目，也從企業的非核心作業擴展到核心作業。

國際數據資訊公司的一篇報告指出，儘管減少營運成本、提升IT系統的靈活度及專注核心專長，仍然是企業決定採用委外服務的主要原因，但是，有越來越多的證據顯示，企業開始因為策略性因素採用委外作業。隨著委外觀念的成熟，企業開始發現，最有價值的委外夥伴不是能夠幫您節省最多「成本」的廠商、而是能夠提供最高「價值」的廠商。

## 轉型委外概念

隨著企業進行轉型、合併或重整，以因應經濟景氣低迷，這些公司開始比以往更加仰賴各式各樣的委外服務以取得競爭優勢。高階經理人必須拋棄傳統的觀念，也就是：企業只能將無關核心的工作委外，委外的重點應該是如何在多變的全球市場中提升營運效率，而不是在分析到底那些才是公司的核心作業。事實上，在適當的情況下，所有的營運流程都可以委外！我們把這種全新的委外概念稱為「轉型委外」（business tranformation outsourcing, BTO）。

以IBM本身的轉型經驗為例，IBM在九年間從事業的低潮重返市場領導地位，最根本的原因其實很簡單：重新規劃IBM的定位及願景、擬定可行的策略，然後全力以赴。葛斯納在九年內將IBM從一個單純的硬體製造商，轉型為全方位的「資訊服務」供應商。但是，IBM並不是放棄原有的專長，而是重新定義既有的優勢，把PC及主機市場的專長帶入新的營運模式。

## 讓企業重新定位

IBM開始將伺服器及個人電腦製造工作委外，全心投入高附加價值的軟體及服務市場。這樣不僅保有IBM的PC及大型主機的市場，更能提供客戶包含軟體、硬體及專業服務的完整IT

服務。在新的思維下，IBM將自己重新定位為「服務」導向的公司，這樣反而更加突顯產品的差異化。過去用「量」的概念賣硬體，只能和其他競爭者比價格，但是現在我們以服務拚市占率，就可以突顯IBM與其他服務供應商之間不同的價值。

光是2002年，IBM藉委外合約減低大約50億美元的成本，今後也會繼續採取相同策略。委外代工讓IBM的PC及伺服器事業更有效率，因為可以加速製造過程並降低整體的成本。同時，透過零組件採購作業局部委外也可簡化供應鏈。透過各項委外作業，IBM不但能降低成本，提高PC伺服器市場競爭力，也能投注更多人力及經費於新產品設計與客戶服務。

## 委外基本條件

今天，不論是高科技產業或是傳統的製造業、跨國大型企業或是本土中小企業，委外市場環境已逐漸成熟。高瞻遠矚的專業經理人開始將委外服務做為管理市場變動的工具，以推動企業改造工程。控制成本仍然是企業選擇委外的首要原因，但是提升企業核心專長以及取得世界級的專業能力，是越來越多企業決定委外的考量因素。

根據IBM深耕委外服務市場多年經驗，歸納出成功的委外策略必須具備三項基本條件：

● 必須了解企業的定位與目標；

● 要制定明確的策略性願景與計畫；

● 要慎選最合適自己公司需求的服務供應商。

善用委外策略，不論是要改變企業的競爭立基，或是擴大市場占有率，轉型委外都能擷取委外夥伴現成的專業長才，達到事半功倍的效果。

# 業務轉型委外　經營焦點更專注

時至今日，企業轉型已完成了一個輪迴，進入到一個全新的轉型概念，也就是有關業務轉型委外的新視野。

　　按照傳統的業務經營觀念，一個組織在經濟不景氣時應該削減開支以增強自己的競爭力，這就是所謂的「擠掉最後一點成本空間」。此時，公司高層主管的大部分精力都放在減少成本上，而對老舊的業務流程的改造幾乎不加關注。然而，這些老舊的業務流程本身就是不必要成本製造者。更糟糕的是，老舊的業務流程會在公司最需要實現銷售和增加收入的時候，抑制銷售和延緩收入的增長。

　　那麼，改造老舊業務流程的工作為何始終被忽略？可能的原因是，以往在流程改造過程中，進行內部調整、應用開發和部署新的基礎設施，常常需要昂貴的費用，這對企業在經濟困難時期的負擔過重。而另外一個可能的原因在於，企業總認為流程的改造太過複雜或費時。但是，我們在此必須提醒：一旦競爭對手採用能夠改變業務本質的商業模式或流程，危機遲早都會爆發。

　　儘管經濟不景氣，許多產業已經開始打造全新的商業模式。以澳洲的抵押貸款行業為例，抵押貸款從前是由銀行所主

導的，然而卻有一群新興的抵押貸款代理商，利用網際網路作為工具，向有需求的客戶招手，並且能夠立即迅速地對客戶需求做出回應，在客戶希望獲得抵押貸款的時候批准這些交易。抵押貸款代理商使用了一種新的、低成本的商業模式，這種商業模式完全以客戶爲中心，而且沒有不會產生效益的營運資本負擔，因而獲得成功。

　　同樣地狀況也發生在航空業、資訊業、零售商或流通業。它們所採用的新興商業模式允許它們大幅降低成本，因此比起背負基礎設施高成本的傳統競爭對手相比，自然能在隨時充滿競爭的動態商業市場中迅速崛起。對於那些堅守傳統商業流程的企業而言，要不就是跟著改變自己的商業模式與流程，或者就是被遠遠拋棄在後。

## 業務流程變革之路──從「dot com」到「業務轉型委外」

　　前一次的業務流程革命是在90年代末期的「dot com」熱潮，當時各企業不惜成本地轉向網路，許多企業的確藉由網際網路提高效率，但是，由於「dot com」的經營並未與企業完全整合，無法使客戶體驗到天衣無縫的一貫流程，因此「dot com」熱潮很快就消退在歷史的洪流中。

　　之後，面臨千禧蟲危機，這時企業最關心的重點在於資訊

安全機制，而非改變公司的業務流程。緊接而來的是經濟不景氣的衝擊，自此以後削減成本已成為企業經營的必要策略。

　　時至今日，企業轉型已完成了一個輪迴，進入到一個全新的轉型概念，也就是有關業務轉型委外的新視野。透過業務轉型委外，將老舊的業務流程轉移到低成本的供應商，使企業經營的焦點更專注、更整合與集中。

## 業務轉型委外的實際做法：轉型＝更聰明＋更快速＋更便宜＋最佳實踐

　　進入業務轉型委外的時代，企業最優先考慮的該是如何使業務流程能夠適應快速變化的市場。企業要更具競爭力，就必須在整個企業的範圍內讓業務流程與關鍵合作夥伴、供應商、客戶之間做到端到端的整合，這樣企業才能夠對各種客戶需求、市場機會或威脅做出快速回應。此外，透過與業務轉型委外供應商的合作，公司可以決定該專注於哪些流程才最具經濟效益，其他部分就交付業務轉型委外供應商合作完成。而業務轉型委外供應商的流程轉型能力越強，它們能夠為企業分擔的風險就越高。

　　換句話說，業務轉型委外的另一個重要性是企業能夠在可變的基礎上購買業務流程。因此，在經濟不景氣時，公司只需購買與自己的業務量相匹配的處理服務；若景氣一旦復甦，企

業可購買更多的流程服務，而無需承擔資金成本。當然，這些新流程必須能夠幫助增長收入，而不僅僅是削減成本。

　　毫無疑問，隨著新的商業模式的出現，業務轉型委外將幫助公司釋放出現有的資產，重新投資於能夠支援利潤增長的計畫。更重要的是，業務轉型委外可承擔業務轉型成本，在進行轉型之前，業務轉型委外供應商就可以為客戶帶來成本方面的好處。簡而言之，業務轉型委外使企業更專注、更有彈性。這正是隨需應變商業模式的真正含義，也正是業務轉型委外的最大價值。

# 11 品牌經營

## 建立企業全新網路品牌

在網路時代建立「品牌」，交織緊密及多面化的整合行銷及傳播計畫，已成為現代企業最重要的核心競爭力之一。

　　當越來越多的企業利用網路以節省供應鏈、銷售通路、顧客服務等成本時，許多高階主管發現原有第一代網際網路所形成的競爭優勢，已逐漸開始消逝。這些企業主開始思考如何保持競爭力、如何突顯企業的獨特之處、如何推動企業的成長等問題。

　　有趣的是，他們都不約而同發現，如何建立「網路品牌」（e-brand），已成為現代企業最重要的核心競爭力之一。

　　的確，隨著網際網路的快速發展，企業應開始正視網路行銷的威力——透過一個上網裝置，企業得以將資訊一字不差地傳遞給消費者，進而引領人們進入品牌的全新領域。

　　可惜的是，許多企業由於缺乏在網路上建立品牌的經驗，甚至不知道該如何開始，以致於錯失將品牌從實體世界擴張至

虛擬世界的機會。究竟將從何開始建立企業全新網路品牌？在過去幾年，全球IBM公司擁有建立網路品牌的實務經驗，特別在本文中分享給台灣業界人士。

## 觀念一：了解網路消費行為，建立品牌屬性

　　網際網路提供了許多了解企業產品，以及服務的新管道。因此，行銷主管必須面臨的挑戰，除了主要來自於如何在網路世界中進行定位，更必須明顯的強調與區隔出企業競爭優勢。畢竟，當網路把單純的消費者改變為價格比較者時，企業要如何在網路的環境中建立品牌的偏好度？

　　在麻省理工學院電子商業中心（Center for e-business@MIT）所進行的品牌研究發現，無論在實體或虛擬世界，企業品牌所占有的重要性是相同的。該研究更進一步指出：在無法接觸到實際產品的情況下，消費者會更在意網路購物的售後服務。

　　消費者希望能夠精確地獲得所需的產品或服務。若產品或服務與期望有誤時，商家必須能夠提供退款或換貨的服務。另外，在網路交易時，商家對客戶個人隱私資料的安全保護，也是影響購買意願的關鍵因素。

　　上述網路消費行為所透露的含意是，企業唯有建立網路上的獨特品牌屬性，方能強化消費者的購買信心。這所謂的獨特

品牌屬性已不僅是產品功能與價格，更還包括了售後服務、個人化貼心的照顧，以及個人隱私的安全保護等。事實上，許多已在實體世界擁有良好品牌，及忠實顧客的企業，較容易將原有的品牌優勢轉換至虛擬賣場。

## 觀念二：強化與顧客互動，增加品牌忠誠度

當越來越多消費者上網購物、使用金融服務、增加保險範圍時，親自去商店購物的時間也就相對減少。因此，企業如何強化與顧客於虛擬世界的互動，以增加其品牌忠誠度，遂成為相當重要的課題。

越來越多企業開始著手投入於此一領域，以提升顧客與品牌之間互動的機會。事實上，許多企業開始以越來越多樣化的方式與顧客聯繫。除了個人電腦之外，手機，甚至是汽車都有可能成為接收資訊的中心。以汽車為例，已成為消費者另一接收資訊的中心，提供收發電子郵件、道路導航及餐廳建議等功能。

更有趣的例子是應用在家電部分：想像您的冰箱會自動整理食品用品清單，甚至自動訂貨，或利用行動電話開啟家中保全系統，並在小孩回家時自動通知您。無線網路服務將使以上的情境實現，將產品及資訊服務連結，使過去不可能的事情成真。

## 觀念三：結合虛擬與實體，增加購買樂趣

在現實生活中，人們常會身處賣場環境，例如試用家電用品、享受購物快感、或只是感覺賣場的美好氣氛。而大多數虛擬商店的挑戰，是如何發現新的方法，彌補顧客實體購物的感覺，例如在網路互動中增加現實生活經驗的描述、適時導引顧客至實體商店購物等。

目前有許多企業正實驗以下幾項新方法，以達到結合虛擬與實體的購物環境，進而增加顧客的購買興趣與樂趣。這當中包括：

●**實體環境虛擬化**：企業會利用虛擬模特兒來展示產品，以吸引顧客，建立訂製產品預覽模擬畫面。同時，企業亦會提供全景影像畫面，例如360度的飯店設施介紹影像。

●**提供即時互動功能**：這主要包括提供即時線上客戶服務、提供顧客與客服人員、產品設計者、甚至其他顧客間的溝通平台，以及提供品牌化的數位服務機台，讓消費者可在不同地點進入品牌網站。

●**連結虛擬及實體世界**：這主要是透過網路優待券下載後，可在實體商店使用，或吸引網站會員參加特別活動，甚至以實體商店內的廣告促銷網路購物。

上述方法的關鍵在於將品牌活動與各種行銷工具（DM、廣告、公關、特殊活動、促銷）及通路（印刷品、媒體、網際

網路、無線設備、商店）連結，交織成緊密及多面化的整合行銷與傳播計畫，呈現兼具實體與虛擬的企業網路品牌形象。

# 塑造網路品牌有方法

唯有結合虛擬及實體世界的品牌策略，才能夠強化品牌力量，讓品牌價值真正轉換成市場價值，創造更豐厚的營收。

　　當網際網路成為年輕人的寵兒時，業者不斷誇耀使用者所涵蓋的廣大範圍，從性別、年齡到種族，網路族群似乎每天都在成長。但是，究竟企業該如何爭取不同族群的上網顧客？特別在網路橫幅廣告越來越缺乏效果的今天，企業又該如何有效建立網路品牌？

　　網路社群或許是個不錯的答案！就如同一般人物以類聚的習慣，網際網路使用者也會依個人興趣加入網路社群。這些小團體的形成原因主要是基於共同的興趣或生活型態。因此，企業正好得到一個提供服務的機會，甚至是一個塑造品牌特性的良好環境。

　　透過網路社群，企業可以更了解顧客、更容易與顧客對話，甚至使顧客互相了解。另外，企業也可以讓消費者與專家溝通，以協助未來產品發展與設計，甚至提供社群網友特別設計的產品。

# 網路社群提供的利益

至於網路社群究竟會為企業帶來哪些利益？這主要可分為下列幾個部分：

● **地點、地點、地點**：「企業若要吸引目標顧客，就必須找到他們」。這句話同時適用於實體及虛擬世界。事實上，光在網路上建立店面是不夠的。企業必須加入正確的入口網站及社群，方能占據最好的地點。

● **成為廣大使用經驗的一部分**：網路社群的原始功能為收集相同主題的資訊，再將其整理、分享給社群中的成員，使其能夠有更完整及滿意的使用經驗。如何加入其中，並且勝出，成為單一品牌的大挑戰。

● **與產品生命週期連結**：每一個產品都有其生命週期，成功的品牌瞭解生命週期從何開始（選購）、從何結束（丟棄），以及期間的每個階段。同時，企業也必須瞭解不同產品從購買、維護、到丟棄的細微差異。在特殊的網路社群中，品牌可在產品生命週期中提供更多的附加價值。

# 虛擬與實體策略結合

在了解網路社群之後，企業必須更進一步思考如何有效地將虛擬及實體世界的品牌策略結合，發揮最大的效果？我們特

別提供幾項評估的要素：

- 您的品牌與網路年代的關聯性高嗎？是否需要更新？是否具有足夠的彈性？

- 您的網路品牌策略如何與實體世界的品牌連接？您的網路品牌策略是否夠具有獨特性？要如何執行？為什麼？

- 您是否從顧客的利益出發，妥善利用在虛擬或實體世界的優勢？

- 您的品牌策略是否由「形象專注」轉變為「經驗取向」？不論在虛擬或實體世界，您的品牌承諾是否與顧客的使用經驗結合在一起？

- 您的品牌最適合切入網路的地點及方法為何？您如何區分顧客類型，是利用傳統類型，還是依照更正確的網路社群分類？

- 您的網路品牌是否只著力於自有的品牌網站？是否有參與網路社群並建立良好的關係？

- 與競爭者相較，您的網路品牌策略為何？差異化策略？還是採取類似策略？

- 當您在建立數位差異化策略時，品牌形象是否突破了信用（credibility）？

- 您曾進行何種網路品牌完整性的保護措施？

在網際網路時代，似乎只有「品牌」才能夠在虛擬及實體世界中，不斷保持其價值。可惜的是部分企業卻過於專注所屬

的數位人物或現實世界的品牌形象，而削弱了品牌的力量。

　　IBM也曾經面臨類似的挑戰。在一路走來的經驗中，IBM已充分體驗了解現今網路數位世界中，行銷環境的複雜度，也希望藉由本文提醒全球企業，唯有成功地結合虛擬及實體世界的品牌策略，才能夠強化品牌的力量，讓品牌價值眞正轉換成市場價值，創造更豐厚的營收！

# 12 打造企業學習網

## 動態式工作環境　職場新趨勢

全球化、資訊化、微利化，讓企業承受著巨大的壓力。在競爭局勢中，只要一個不小心就可能敗下陣，甚至難以翻身，如何能在最短時間內，利用有限資源，發揮最大競爭優勢，已經成了各企業最關鍵的挑戰。

　　過去土法煉鋼的管理方式已經很難跟得上節奏快速的資訊社會了，身為一個現代的管理者，注重的是組織內的高效率與迅速流通的資訊。因此，「轉型中的工作環境」（workplaces in transformation）逐漸醞釀，而動態式工作環境的新觀念也應運而生。究竟什麼是動態式工作環境？對企業有那些助益？

### 透過網站運作

　　所謂「動態式工作環境」是指透過一通用且單一的入口網站，建立企業與員工的關係與管理，簡單來說，員工可利用網

頁瀏覽器、電話及PDA，在任何地點、任何時間連結企業入口網站，即時查詢訊息、人力資源資料及進行無遠弗屆的線上學習，此外，除了企業內部電子化之外，可逐步推展到企業與客戶、企業與企業的關係管理。

以IBM為例，幾年前某世界知名晶圓代工廠在台建立12吋晶圓廠時，尋求台灣IBM公司的協助導入CIM系統。在當時這可是全台第一座12吋晶圓廠，全然沒有經驗可循。

但是台灣IBM公司的人員透過企業內部智本網站得知，日本IBM已有成功導入12吋晶圓廠的經驗，於是台灣IBM公司動員日本方面的團隊來台協助作業，成功地為台灣第一座12吋晶圓廠完成了資訊系統的建置。

IBM遍布全球的全球服務事業部部門，創造了相當多類似的案例，當一個新的專案出現時，具有類似經驗的團隊就可以前來協助、交換意見，節省了摸索與犯錯的時間成本，無形中也提升了企業的競爭力。

## 顛覆產業發展模式

動態式工作環境的新概念，徹底顛覆了過去產業發展的模式。工業社會時代，企業的重心就是廠房與生產設備，這些資產最重要的特色就是「不可移動」，無論是電腦、鋼鐵、紡織等生產線，一旦廠房設立了就不會輕易移動。

不過，過去那種以製造為主的模式，在過去幾年急速改變。科技產業的重心逐漸轉移，從注重硬體到軟體再到現在的服務取向，企業服務已經逐漸取代硬體製造，成為企業的核心價值。企業創造營收的寶庫，不再是侷限於一地的廠房，而是互動良好的工作團隊。

　　為了達到良好的互動溝通，員工間暢通無阻的資訊交換管道是很重要的。動態式工作環境揚棄過去陳舊的企業營運模式，打破企業內垂直、水平、地域等等的區隔，建立一個可供內部資源共享、資訊快速流通的網路型態。

　　在企業強調服務價值的今天，如何能夠即時動員全球的資源，有效地傳遞知識與經驗，是累積競爭優勢的關鍵。透過網路的連結與運作，動態式工作環境有效地強化了企業的體制與應變系統。

　　管理大師麥可‧波特（Michael Porter）的價值鏈模式，適切地解釋現在的企業競爭環境。他指出任何一個企業都有一些橫向與縱向的功能，橫向功能包括了人力資源、採購、IT建置等共同後勤支援結構；縱向功能則包含了R&D、製造、及銷售等不同的工作內容。

# 增加部門加值功能

唯有讓每個部門都能產生「加值」（value added）的功用，並以彈性的流程將各部門串聯起來，才能使企業更有效率，達到最大的競爭優勢。

IBM將這樣涵蓋內外的價值體系分為五個面向：

一、員工對公司（employee to company）：串取公司資訊與流程，例如人力資源、採購、人才培育等。

二、員工對員工（employee to employee）：強化員工間的聯繫和互動，其中包括數位協同作業、專業知識與經驗傳遞等功能。

三、員工對工作（employee to work）：系統提供行動辦公室、找尋專家、專家目錄等，以提升員工對工作與專業的掌握。

四、員工對夥伴（employee to external）：達到與事業夥伴、供應商及客戶的自動化溝通連結。

五、員工對個人（employee to life）：提供各種個人化服務，例如購物、新聞、及個人財務。

以員工對員工為例，IBM認為不論是業務員或是硬體工程師，都有「智本」（intelligence capital）的需要。在台灣裝設的最新機種，可以透過內部的網路溝通，或是參考國外團隊的經驗，縮短學習的時間。

IBM近年來也曾經舉行了幾次業界首創的全球員工線上討論。超過10萬名IBM全球員工就人事、顧客服務、及人力資源等議題在線上公開進行討論，而大家腦力激盪的結果，就由每個議題的管理者歸納、整理，作為公司未來發展的參考。

　　在競爭激烈的全球化市場，IBM的經驗並不是一個特例。當效率成為必勝的關鍵，動態式工作環境已經是一個不可忽視的潮流。在台灣，企業即將面臨加入WTO後所帶來的巨大衝擊，而各企業也紛紛到海外設立新廠，不論是員工或管理階層，都分散在全球各地。

　　員工規模龐大的企業，企業內資源的整合勢在必行。動態式工作環境跨越時空的隔閡、打破制式的流程，創造出一個極具彈性的企業環境，讓企業得以在日趨白熱化的國際舞台上保有競爭優勢。

# 線上學習：擋不住的學習風潮

對企業而言，線上學習最大的挑戰已不再是執行方式，而是企業能否貫徹線上學習的原始用意：讓學習變成更有效率，並且持續地對企業產生正面影響。

網際網路不僅改變我們經營事業的方式，也改變了我們學習的方式。越來越多的企業開始建立線上學習系統，期望借重新科技的力量，更有效的傳承組織知識。 事實上，對企業而言，線上學習最大的挑戰已不再是執行方式，而是企業能否貫徹線上學習的原始用意：讓學習變成更有效率，並且持續地對企業產生正面影響。

的確，線上學習已經對企業訓練帶來革命性的影響，讓員工得以不受時間與空間的限制，隨時隨地、隨心所欲、無時無刻進行線上學習。因此，對企業而言，線上學習所帶來的正面影響包括了：

一、訓練時間的限制正逐漸消失：在過去，企業常會擔心訓練時間與工作進度配合的問題。線上學習正好提供了一個「即時的解決方案」。透過線上學習機制，企業可直接將訓練內容與日常工作結合。員工不僅可即時獲得工作中所需的知識及協助，更能夠邊做邊學，增進其學習效果。

二、訓練地點的限制正逐漸消失：衛星訊號、無線通訊、互動電視等科技，使得企業訓練的進行不再拘限在單一教室內。員工可在辦公室、汽車上，甚至自家的客廳，接受訓練課程，完全突破地點的限制。

三、訓練方式的限制正逐漸消失：線上學習讓訓練的方式更多樣化，也更個人化。員工可依自己的需求及喜好，在訓練軟體中選擇合意的課程。在多樣化的課程中，員工可加入互動式遊戲，以增加學習效果。線上情境模擬甚至可模仿真實的生活，使員工能夠有機會在安全的環境下犯錯及修正。

在了解線上學習所帶來的正面效益之後，企業經營者或許會更進一步思考：究竟該如何導入線上學習呢？IBM經驗可提供給台灣企業一個參考。

從整體訓練的角度看待線上學習，許多企業一想到線上學習，就會想到導入軟體，如建置學習管理平台等，反而忽略了線上學習課程內容的部分，更遑論線上學習與整體訓練之間的整合工作了。

## 整體訓練

根據IBM的經驗，我們建議企業應從整體訓練的角度看待線上學習。這當中包括了：

- 從資源利用的角度：企業原有的訓練資產、訓練專家或

技術專家是否能夠協助發展線上學習？

● 從顧客服務的角度：員工參與或接受線上學習之後，是否很容易地就將訓練知識轉換為日常的工作？

● 從訓練整合的角度：在劃分線上學習與傳統學習時，企業如何考量成本節省、組織效率與訊息整合等諸多因素？

● 從知識競爭力的角度：企業知識管理與線上學習的訓練內容有連結嗎？如何連結？

● 從內容設計的角度：企業線上學習的內容是否會因成本降低或主事者的突發奇想等因素，內容雜亂不堪？

● 從科技整合的角度：是否有太多的配合廠商、解決方案及內容型式，使目前的訓練課程一團混亂？

● 從員工發展的角度：線上學習在員工發展計畫中所扮演的角色為何？能提供什麼樣的協助？

## 徹底實踐

IBM的實際運作經驗，在於IBM本身在實踐線上學習的過程中，從一開始就強調：從推廣到徹底實踐，IBM希望能充分運用資訊科技優勢，迅速累積企業知識，進而提升競爭力，建立真正的學習型組織！因此，IBM特別在意如何養成員工上網學習的習慣，也隨時鼓勵員工盡可能多利用線上學習模式豐富的資源。

從課程面來說，IBM寰宇大學（Global Campus）提供了

超過2,300個課程，快速、豐富且容易使用，讓員工得以擁有方便多元且滿足個人需求的選擇。至於在落實部分，為了鼓勵員工多使用線上學習課程，IBM已將經理人員的訓練課程，全部放在內部網路上。

這套名為「Basic Blue for Manager」的學習課程，主要是針對新上任的經理人，結合線上學習模式和實際指導的訓練，提供甫獲擢升的經理人必要的管理概念，以及帶領團隊的技巧。經理人除了必須利用公司內部網路連上資料庫，了解IBM經理人的使命與工作執掌，更可以採取「情境模擬」方式的互動教學，研習相關的管理個案。除此之外，經理人也會面對面接受講師的指導，或是與同僚之間交換心得，以彌補虛擬學習所缺少的經驗交流。

截至目前為止，全球IBM已有四成的員工使用線上學習機制。在導入線上學習之後， 2001年IBM所節省的企業費用就高達2億6千5百萬美元。由此可知，線上學習不僅為IBM創造知識競爭力，更有效地節省許多費用支出。

其實，尖端的科技與精采的課程並不足以促使線上學習模式的成功。真正使線上學習深植於組織的成功因素，包括學習性的文化、高階主管的支持、適切的推廣方式，以及堅持到底的教育訓練人員。畢竟，從導入、了解到適應，線上學習是一條漫長的路，卻也是一條值得堅持的大道！

# 13 強化企業安全管理

## 企業安全挑戰與做法：觀念篇

IBM協助許多企業制定資訊安全策略。無論從觀念、策略或是實際的運作，都有一套完整想法。

在不久以前，「企業安全」的定義僅止於警衛在辦公室的大廳站崗。隨著911恐怖攻擊事件，再加上網際網路的迅速發展，使得企業安全很快地成為人們關注的焦點。許多企業開始將安全議題視為首要任務，並思考如何強化企業安全系統，以真正確保資訊、人員與財產的安全。

### 安全措施深植公司

有鑑於此，在911之後，IBM特別協助許多企業開始著手制定資訊安全策略。無論從觀念、策略或是實際的運作，我們都有一套完整的想法，在此特別分享給國內企業人士參考。

首先，安全措施必須以整合的方式深植於全公司中。在

911之後，企業安全再也不能被輕忽，或放任各個部門自行管理。相反地，企業安全必須在管理階層所制定的方針下統一執行。如果不統一規劃而讓部門各自爲政，只會製造更多安全疑慮，無法解決問題。

例如，很多企業都將防火牆做爲抵禦外在威脅的主要防衛機制。但是，對於以密碼保護的內部系統卻沒有統一的防備，甚至未給予應有的重視。如果企業內不同部門各自行使其標準和程序，那麼各個體系間的安全空隙，就會讓惡意入侵者有機可乘。

因此，IBM通常會建議企業採取全面性的方法，將主機、網際網路、無線設備與系統軟體等所有資訊活動的安全措施整合起來，制定一套整體的企業安全解決方案。

這其中包括訂定標準（需執行那些工作）、制定流程（如何執行安全標準），以及教育員工（將角色與責任告知組織內的每個人）等等。這些工作不應只由資訊部門全權策劃，而應從企業最高主管的辦公室開始。

## 資訊安全與實體安全

其次，資訊安全與實體安全是息息相關的。資訊安全和實體安全，也就是所謂人員與財產的安全越來越密切。保障員工安全不僅是企業的責任，同時也等於保障企業自身的利益。畢

竟企業最重要的資訊並不是只有存在電腦檔案中，而是存在員工的腦海中。因此，一旦有為數眾多的員工突遭危險而無法工作，將使企業喪失多年來累積的經驗。即使企業擁有最完善的重建計畫，也無法挽回競爭力的損失。

在此一部分，IBM許多客戶早就有防患未然的準備。他們早已採取分散經營的方式，將某些業務外包，或使用資料處理與備份中心的服務，以避免將大量人員和資產集中在同一地點。這種做法不但可以節省成本，現在更有安全考慮上的優點。

事實上，除了分散經營外，企業還必須檢視所有日常業務，是否有安全漏洞，即使是郵件收發或餐飲服務等最普通的工作也不能忽視。此外，由於員工平時已大量使用資訊系統，很多實體安全系統（如通行卡）也都是由電腦控制。因此，保障資訊安全與實體安全（人員和財產）是密不可分的。

當然，在推行的過程中，員工們必定會有一些反彈或抱怨。如何在不降低員工士氣和生產力的前提下，建立兼顧實體與資訊需求的安全系統，實為推行中的重要挑戰。

## 藉助新興安全措施

最後，企業必須準備好面對新興安全科技帶來的影響。目前非常看好的企業安全措施是生物辨識系統。此一系統主要是利用個人的生理特性，或行為習慣來進行辨識的方法。生理辨

識是利用臉、眼睛（視網膜或虹膜）、指紋和掌紋；而行為辨識則是利用聲紋和筆跡。

生物辨識科技的優點為確保將許可權提供給某個人，而不是一塊可能會遭竊取並加以複製的塑膠卡片。但是，生物辨識科技也造成隱私權的問題與顧慮。特別是一旦實施高度個人化的安全措施，員工、顧客和供應商就必須提供更多的個人資訊。因此，如何在提升安全與維護隱私之間取得平衡，乃是企業執行長必須直接面對的挑戰。

「企業安全，人人有責」不應只是一句口號，而應是企業中每一份子所必須身體力行的重責大任。特別是高階主管們必須展現對企業安全的高度重視，並且親自領導安全系統的規劃策略與系統執行，方能有效盡到保障實體資產、人員資產與資訊資產安全的責任，也才能真正創造一個安全的經營環境。

# 企業安全挑戰與做法：實務篇

台灣加入WTO以後，世界大廠對其合作的夥伴在資訊安全管理的能力，將用放大鏡檢視。因此，廠商實應加緊跟上全球資訊安全的腳步。

在2001年，一項由「CSI／FBI電腦犯罪與安全調查」（CSI/FBI Computer Crime and Security Survey）所發表的調查報告顯示：在過去12個月，64%金融單位電腦曾遭受到入侵並造成虧損。另外，高達85%受訪者亦偵測到電腦安全的入侵事件。這些數字除了凸顯現今企業資訊安全的漏洞，也在在提醒企業高階主管可能帶來的企業危機。

的確，網際網路的普及確實帶來企業運作的便利性，也為企業資訊安全性帶來前所未有的挑戰。特別對於缺乏有效安全控管的企業，經常會忽略網際網路可能帶來的嚴重安全問題——無論是來自TCP／IP服務所造成的系統漏洞、複雜的主機或系統配置所產生的管理問題、軟體開發過程中所帶來的程式後門、或者是其他各種可能因素，都將促使企業暴露在駭客的活躍範圍下，而衍生出相關的安全問題。

## 三項基本要求

從多年前，IBM就開始研究此一課題，期望提供企業一個真正切合需要的解決方案。我們不只從產品的選擇或技術來作考量，而是將企業安全視為一項管理導向的工作，分階段從各個層面量身訂做企業資訊安全架構。因此，我們發展了一套建置企業資訊安全系統的「三項基本要求」與「七大建置步驟」。

所謂的三項基本要求，包括機密性（confidentiality）、完整性（integrity）與可用性（availability）三部份。機密性主要是指確保重要的資訊，如系統資訊、客戶資料或重要的商業資料等，都應受到適當的管理與保護。而完整性則代表確保資料或業務資訊的真實性及可信賴度，以利決策的正確性。

至於可用性，通常是指確保企業的資料或資訊，及其相互依賴的業務運作得以正常的進行，並且適時的提供所需資訊。唯有三項基本要求都做到，方能滿足企業資訊安全系統建置的需求。

## 七大建置步驟

七大建置步驟包括：找出企業資訊安全需求；訂定企業資訊安全策略及標準——這部分會因企業所在的產業、文化、組

織架構的不同而有差異；評估資訊安全風險與衝擊——了解企業資訊安全的漏洞及亟需補強之處，與風險發生後對企業的影響；規劃資訊安全架構，設計解決方案；挑選產品及實施企業資訊安全架構；最後是管理與稽核——隨著環境、策略的變動，企業必須重複前六項步驟，重新檢視資訊安全的需求與政策。此時，企業必須要有良好管理與稽核作業，才可提升安全保障。

在加入WTO以後，世界各國大廠對合作夥伴在資訊安全管理的能力，以及自我行為約束上，將用放大鏡來檢視。因此，廠商應加緊跟上全球資訊安全腳步。值得慶幸的是，台灣企業對資訊安全系統的觀念，或是投資都有增加趨勢。至2002年底，對資訊安全系統投資可望達到新台幣65億元，2004年更將突破10億元規模。

當然，身為全球的資訊科技領導者，IBM也願意貢獻本身的專長，協助台灣企業不僅免於安全的顧慮，更能有效地保障實體資產、人員資產與資訊資產的安全，進而贏得經營的順利與成功！

# 參考資料

# 兩岸與國際化趨勢

## 中國的財富管理發展

　　對於中國的銀行業來說，財富管理是一個充滿吸引力和巨大商機的市場。在2002年，亞洲銀行家的高層會議發表了一份資料，加上根據其他國際銀行調研部門的研究報告，估計到2005年，中國的財富管理市場的規模將達到250億美元。在過去六年，每一年的增長率大約是18%，加上中國人72%的節餘仍然以儲蓄形式存在（與此相對比，英國是26%，而美國只有12%），毫無疑問，這塊市場是一片高潛力的處女地。

　　什麼是財富管理市場增長的驅動力？在銀行方面：第一，銀行需要增加不同的收入來源；第二，當外資銀行進入中國市場以後，同業的競爭將促使這塊市場的增長；第三，貸款業務風險比較大，銀行需要降低這方面業務的比重；第四，現在中國人越來越富裕了，儲蓄太多對銀行來說也是很棘手的事，存款需要支付利息，貸款又面臨風險，如何才能一箭雙雕呢？當

然，如果財富管理是賺錢的生意的話，他們希望這種業務能夠提高他們的資產回報。在客戶方面：第一，投資環境、投資概念的轉變，以前老百姓的錢放在家裏，後來覺得不太保險就放進銀行，利率很低還要交20％的稅，所以需要尋求其他的辦法投資；第二，投資產品利潤的增加，希望投資回報率比較高。做一個好的投資，這就需要專家給一些意見，銀行在這方面可以給您一個好的意見。錢不動的話，購買力越來越低，在以前中國股票市場升得很厲害，誰買都賺錢，但這是過去的事。股市有升有跌，這些都驅動了財富管理業務。

銀行通常是怎樣把客戶分類呢？亞洲區內的銀行一般有以下的看法：零售客戶（流動資產在5萬美元以下），中產客戶（流動資產在5萬美元以上，50萬以下），富裕客戶（流動資產在50萬美元以上，100萬以下），大戶（流動資產在100萬美元以上，500萬以下），超級大戶（流動資產在500萬美元以上），後四類都是財富管理業務的目標客戶。

另外一種看法，是根據需求把客戶分成四類，第一類是財富資本家，他們可能也是銀行公司客戶的老總，資產富裕。第二類是財富保守者，他們屬於風險規避者，投資策略比較保守。他們可能考慮的是富餘的資產怎麼分配，比如遺產方面，遺產稅怎麼合法地避減。第三類就是專業人士，年輕而且收入很高，受過良好的教育，容易接受新產品和事物。最後一類，國內叫「炒家」，自己操盤，買賣頻繁，每個月的交易金額很

大，這也是很重要的一類客戶，但是如果向他們推銷基金的話是無濟於事的。

要設計成立一個財富管理業務的藍圖，就先要從瞭解客戶需求著手，客戶追求的是什麼：第一是保障將來，第二是減少風險，第三是保障下一代，第四是預算主要的支出。減少稅款、控制日常的支出、減低債務、提供意外身亡的家庭保險，這些都是客戶的追求，跟他們的收入、支出、資產和負債也是有關的。

財富管理業務基本上由現金管理、資產管理、保障、貸款、退休遺產規劃和稅務規劃等六個部分組成。從另外一個角度看，財富管理是集中大量不同的服務產品，這些服務由銀行提供，也可能由保險公司提供，還可能有互助基金、折扣經紀業務、零售的經紀商業務，還有就是零售銀行的業務。財富管理服務的產品，特別是與衍生工具有關的產品。由於有法例問題還在研究之中，現在中國國內還沒有，但在將來必然出現，例如場外交易的期權，還有收益保障的債券，這些國外都是很流行的。有些客戶希望把錢放在銀行裏，由銀行保管並保證本金。在美國、香港，股票波動很大的地方，這些都是很流行的產品。

# 銀行如何建立財富管理業務

　　財富管理不是找一個分行，裝修一下，環境高雅，有很多優雅的服務人員。如何才能脫穎而出？這顯示出品牌和定位的重要性，必須在品牌宣傳、以及對風險管理、專案管理方面有特別專長的地方。瑞士銀行（UBS）、JP Morgan Chase、瑞士信貸（CreditSuisse）、花旗銀行（Citicorp）等銀行，在財富管理方面客戶不多，但是他們是專門服務500萬美金以上的超級大戶。

　　怎麼贏取新客戶，維繫老客戶的戰略也是很重要。通常財富管理的客戶沒有什麼耐性，不能容忍您一而再地犯錯誤，而且對個人隱私非常敏感。另外，還要進行背景調查，關注客戶的資產來源。如果半年以後有媒體報導某某銀行替客戶洗黑錢，必然損失慘重。

　　產品的設計注重賣點，還要快速的應對市場的變化。需要提供很多諮詢方面的資料和意見，讓客戶做比較，不能向每一個客戶都提供同樣的服務。定價方面，要提供靈活的定價計劃，定價的策略也是很重要的，有區別的定價，每個客戶的定價可能都是不同的。

　　通路是很重要的，特別是不同的通路應該協調。通路的開發和管理至關重要，對待超級客戶通常都由某客戶經理掌握所有完整的資料。而一般客戶則需要銀行提供不同的通路，他們

自己做組合。銀行可以和客戶登陸因網際網路分享同樣的資料，並且提供一些建議。

先進的財富管理資訊科技平台，對分行、網路銀行、客服中心和客戶經理很重要，特別是需要一個財富管理門戶，然後制定一個財富管理的執行應用方案，還有提供一個財富管理應用後台，可以通過這些與客戶聯繫。

根據分行位置的不同，未來員工的需求、職責也是不同的，職員的數目和組成將依據所服務對象的社會經濟特點來招聘，員工需要更多的決斷能力和經驗，銀行還必須根據每個地區的情況給予員工不同的授權等級，為員工提供靈活的獎勵機制。不可能每一個網點都提供同樣的服務，有一些分行要進化成專門的財富管理中心。銀行必須培訓和集中一些專家，配備資質認證，各個分行可以通過視訊與專家聯繫。從IT方面來說，銀行要有一個IP網路，開放的技術服務於分行。技術的管理全部集中在網路伺服器上，各個分行可以下載。

首先，財富管理將來在銀行就像自動櫃員機一樣，每家銀行都有。不要以為只有銀行才會開財富管理這個業務，保險商、證券商同時也提供財富管理的服務。特別是現在國內，很多人將新台幣放在證券商那裡。

實踐證明，幾乎任何現代行業，其市場基本上都由最大的5家服務商共同瓜分。制定一個務實的業務規劃，再加上高層的支援，才能推動新的業務。另外，即使某銀行的零售銀行業

務做得很大，但是並不代表他的財富管理業務會成功。

還有一個很大的挑戰，現在零售銀行裏面傳統的文化，跟提供財富管理的文化是完全不同的，對員工的培訓怎麼轉型是一個很大的挑戰。需要一個得到認同的業務運營模式，同時必須向各層次的所有員工進行深入的溝通和解釋。

選擇正確的戰略僅僅是開始，實施才是巨大的挑戰。「我也有」是錯誤的業務戰略，必須要有具有特色的產品和服務。當業務量增長的時候，必須能夠預見未來可能發生的問題，例如訂單管理、文檔控制、法律和合規問題等。

商業智慧，如企業資料倉庫、資料集市、企業表現管理、客戶關係管理也是不可或缺的。最後一點，財富管理跟傳統的零售銀行跟客戶的關係不盡相同，在傳統的零售銀行，一個客戶是購買單一的產品，財富管理則是關係、客戶、資產組合、帳戶的統一。

今天在私人銀行業務中提供的產品和服務，將成爲明天向一般財富管理客戶提供服務的基本標準（面對面服務方式除外）。

# 金援異地台商　銀行「網」開一面

台灣IBM業務諮詢服務部協理　郭勝雄

建華銀行的「CPA洲際管理帳戶」，協助兩岸四地和太平洋地區台商解決資金調度問題。

泛太平洋地區向來為我國進出口貿易的主要區域，2002年我國進出口貿易地區前五名皆集中於此，其中美國、香港、中國大陸合計更占我國貿易總額約40%。

然而，多數台灣中小企業主在布局海外事業據點時，卻常在處理公司資金上遇到重重困難。不是無法即時掌握各海外公司的現金部位，就是各子公司所在地的資金調度程序複雜，又無法立即得知入帳狀況，以致影響資金調度的時效性。或者是海外子公司與當地銀行並無往來紀錄，難以取得融資額度，母公司在台灣建立的銀行關係，無法運用到需要營運周轉金的海外子公司等。

種種資金調度問題，使得在異地打拼的台商處境分外艱辛。台灣銀行業該如何因應，解決海外中小企業客戶的燃眉之急？

# 專家建議

　　資金調度問題一直是中小企業的一大難題，若要提供客戶跨區域的金融服務，銀行首先得整合自身的企業集團資源及聯盟銀行的合作，才能讓銀行客戶在多重不同的戶頭中使用不同的幣值；或是讓單一銀行客戶在不同地點（包括台灣、中國、香港、美國），跨各個銀行進行管理及轉帳的工作。日前建華銀行推出的「CPA洲際管理帳戶」案例，正可作爲國內銀行提升客戶服務的參考。

　　針對中小企業客戶，特別是兩岸四地和太平洋地區台商客戶所面臨的資金調度問題，建華銀行有意整合企業資源和聯盟銀行合作，打造名爲「CPA洲際管理帳戶」的高科技網路平台。

　　但要建構這樣一個高科技網路平台，光憑現有的解決方案無法因應。因此建華銀行首開先例，找來IBM中國研究中心的研究人員直接提供服務，根據新的商業模式，開發新型的管理及資訊科技應用解決方案。

　　在作法上，研究人員以原先針對開發協同軟體所應用的「模組化商業整合平台」爲基礎，配合客戶需求開發成適用的平台，同時賦予新平台更多的應用彈性，協助銀行在現有架構上，建構銀行的應用與多元整合，成爲新一代商業整合平台。

# 「CPA洲際管理帳戶」六大特色

● 一個按鈕總覽查詢：企業可透過同一網站，查詢各子公司在兩岸四地各項存款的即時餘額與往來明細。

● 線上調度快速入帳：企業可透過網站，線上調度各地公司不同帳戶的資金，並提供聯盟行間轉帳匯款即時入帳，簡化了海外子公司資金調度的手續。

● 線上轉帳安全無虞：本帳戶的控管機制，不論是網站會員權限管理或是轉帳匯款的審核層級、交易放行的簽驗章加密機制，都經過國際知名管理顧問公司勤業眾信（Deloitte & Touche）的第三者獨立評估，安全無虞。

● 一組密碼暢行無阻：財務人員只須記憶一組帳號與密碼，即可使用CPA洲際管理帳戶提供的所有服務，掌控集團財務，省卻一再登入網站之苦。

● 一地資產跨區融資：企業可利用一地的存款或應收帳款設質，做為另一地資金融通基礎，方便又有彈性。

● 優惠價格回饋客戶：企業透過線上轉帳至聯盟行，本行將以優惠的價格回饋給客戶，降低企業資金調度的成本。

這個全新的高科技網路平台，打破據點各自經營的傳統模式，提供全方位的泛太平洋金融服務，作為中小企業主在全球營運據點布局時的強力後盾，讓他們能安心專注於企業核心優勢，馳騁商場。

而先藉由諮詢方式了解問題所在，再由顧問與專業研究人員合作，把專業科技運用在企業轉型問題上的創新解決方案，目的即在幫助企業完成以顧客為導向的業務策略；建華銀行成為第一家推出跨區域整合性金融服務平台的台資銀行，其指標意義正是如此。

## 模組化企業架構：以私人銀行業務為例

Dan Latimore，IBM 金融事業群專案經理

Greg Robinson，IBM 企業價值研究院資深顧問

1990年代的科技革命永遠改變了金融服務業者的市場生態。今日互相連接的各家業者面對充滿各種挑戰的商業環境，其變化之快促使組織結構和策略聯盟持續隨之變化。業者怎樣才能良好適應新的現實狀況？成功的企業將會以新的企業轉換工具，挑戰原先以流程為重心的做法。這就是模組化企業架構（Component-based Business Modeling; CBM）。

### 建立模組化企業架構：條條大路通往隨需應變

今天大多數的金融服務業者都知道改變的重要，但卻懷疑

是否有可用的分析工具來處理工作。傳統上，像業務流程再造這種線性方法，已證明可以將工作流程最佳化。的確，這類方法通常能產生經過改良的細部程序，但卻很少能應用在整個企業內的其他不同流程中。隨需應變的公司需要新的營運工具來分析並轉換其作業模式，以協助適應持續變動的環境，並獲得成功。

建立模組化企業架構可以簡化企業檢視本身作業的方式。這套架構可讓主管從處理「常規」中抽離出來，幫助他們找到推動組織的真正價值來源。企業主管使用模組化企業架構便能找出組成企業整體，既獨特且獨立的建構模組（building block）。將業務活動視為自主管理的元件，可幫助決策者脫離過去的界限，此界限是依據組織、商品、通路、客戶、地理環境及資訊的劃分而設定。

企業主管採取元件的觀點，便能從細密的流程分析中抽離出來，而以整體觀點來看業務活動，找到相似處並將類似的活動歸在同一類。這樣可幫助他們清楚的觀察複雜且多餘的活動，而以流程為重心的分析常會忽略這些活動。

## 模組化架構提供真正優勢

若將企業架構為一系列的元件，可改善三個重要領域：效率、策略規劃和彈性。

● **效率**：這是能跨越組織界限的檢視能力，可以幫助企業消除重複的工作，並將集中且劃分清楚的業務流程最佳化。

在許多公司中，不同的業務單位會各自維護本身的客戶檔案，當一個團隊收到新的客戶資料時，必須通知所有其他人進行資料更新，但這種作法在本質上就沒有效率，而且這類通知經常無法在獨立的系統間複製更新。然而，想像有一個做為客戶檔案中央儲存庫的元件，所有的變更只需在此單一的元件上進行，接著其他元件可視需要查詢這個元件，或是元件間能依固定時程更新其他業務單位的資料。雖然詳細的架構可能會依不同組織架構而有所差別，但關鍵在於集中式的元件是資料更新的正確來源，而企業光是採用這個元件，就能讓許多企業因而獲益。

● **策略規劃**：模組化分析能幫助企業評估目前的業務狀態，並決定能協助隨需應變運作的方法。由模組化企業架構分析而來的衡量方法會揭露企業各部門的真正成本、處理效率及產出品質。有了這些衡量方法的輔助，主管便能評估每個元件以決定下列事項。第一，元件對企業來說是否有其獨特性；第二，元件是否應該且能夠委外處理；第三，是否應嘗試投資於元件轉型上。

在可取得較多企業活動資訊的情況下，規劃者便能在取得來源上做出較好的決策。如果公司發現本身特別擅長某個領域，則也許會選擇將這種服務提供給其他業者，這種策略稱之

為由內取得資源（in sourcing）。在金融服務業中，包括美國道富銀行（State Street Bank）和紐約銀行（Bank of New York）等銀行都已成功採用模組化企業架構，而這些業者也發現它們在金融市場後端活動上的表現優異，因此能將這些活動轉型成核心業務。它們在努力達成必要的企業規模後，現在已成為領導業界的銀行。

針對不具獨特性的元件，在企業定義、衡量並決定元件提供服務的成本後，便能開始直接一對一的比對市場價格，看由內部繼續提供此服務是否合理？或是應該轉交給合作夥伴來處理？將日常活動交給能力較好的合作夥伴來處理，可以讓企業專注在獨特且具附加價值的核心活動。

## 企業活動：公用服務夥伴關係（utility partner-ships）的主要目標

當上市公司的任何措施可能改變其財務架構，例如股份分割、股息發放或股東表決會議時，就必須向外界提供即時且正確的通知。製作這些通知是一項既不特別又沒有附加價值的日常活動。然而，金融服務機構傾向由多種來源訂閱這類資料，並自行處理企業活動，讓本身陷入耗費成本且不具彈性的運作流程。針對這類功能，若能統一由業界資料公共服務組織（industrywide data utility for corporate actions）來處理企業

活動的發布，應該是比較合理的做法。

● 彈性：最後，模組化企業架構能讓企業更為敏捷地適應快速變遷的商業環境，不論是採取合併、委外處理、由內取得資源、策略性聯盟或者公共服務策略。隨著金融服務業逐步轉化為專業的利基業者，模組化企業架構的模組方式讓企業可重新建立價值網路，而不會被以流程為界限的技術和業務關係所束縛。另外，隨著企業間的合作日益快速且頻繁，模組化企業架構可以加速組織整合，且在企業進行合併之際簡化新業務單位的工作流程。

## 行動中的元件：私人銀行業領域

關於模組化企業架構如何幫助金融機構因應目前產業面臨的營運和市場壓力，私人銀行業提供一個很好的範例。

● 高成本結構：私人銀行業一直為過高的收支比（cost-income ratio）所困擾，而模組化企業架構可協助私人銀行藉由刪除重複作業、找出資源浪費、並藉由業務流程最佳化來削減企業成本。

● 要求高標準的聰明客戶：金融服務的客戶比過去要求更多，且需要範圍廣泛的最佳商品和創新服務。然而，在今日私人銀行所銷售的金融商品中，只有不到20%的商品是來自其他公司。元件的彈性讓私人銀行能更輕鬆地從適當的供應商上游

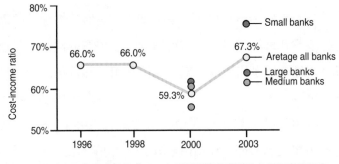

After trending downward due to strong growth, cost-income ratios are on the rise as revenue growth declines and competition increases.

資料來源：IBM業務咨詢服務事業部「2003年歐洲財富管理與私人銀行產業調查」

取得商品。

　●合併：在組織成長和經濟規模的誘因之下，企業將持續進行業務合併。模組化企業架構可以幫助買方更快整合併購的企業，並從中取得協同合作的成果。對其餘的中小企業來說，模組化企業架構能更方便地運用公共服務和委外的合作關係，以克服其規模上的弱點。

　●重複之商品和服務活動：在一家大型跨國私人銀行內，63%的商品或服務完全由各個國家的業務單位處理。模組化企業架構可讓各國負責的員工跨越地域、商品和業務單位的界限一起合作。

# 今日私人銀行需集中注意隨需應變

今天的私人銀行想做太多事情以滿足客戶多樣性的需求。對許多業者來說，最初看來可增加競爭優勢的決策，最後卻耗費企業越來越多的成本，部分的問題可能在提供的商品種類過多，而這些商品多數並不在私人銀行核心競爭力的範圍內。

舉例而言，許多私人銀行想要經營成本和勞力密集的服務，例如交易櫃檯（trading desk）和個人股票型基金（private equity fund），並相信這可提供具區別性的競爭力。但不幸的是，這些策略耗用企業資源卻無法建立引人注意的替代方案，以取代業界專家所提供的最佳商品。

IBM在本身模組化的研究中發現，在最終的分析結果中，多數私人銀行只有三個獨特的核心元件：銀行與客戶的諮商關係、取得和管理適合商品的能力，以及讓生意成交的能力。其他元件一定是執行業務所必須的元件，但不應錯將其他元件視為獨特的活動。

相反地，私人銀行應考慮將不具獨特性的功能委外處理，交給一個具有規模、洞察力、專注力，且值得信賴的供應商。對大型集團內的私人銀行來說，母公司的零售或業務單位，通常可能會處理不具獨特性的活動。

在採用模組化結構時，首先應考量法規要求，例如規範跨國共用客戶資料的法規，在全球則不盡相同，這可能會阻礙跨

國和境外私人銀行在模組化上的努力。在1990年代，歐盟在個人資料的收集和交易上通過新的規定，而其他地區則沒有，這種法規上的不一致，可能會讓金融服務業者無法在企業層級上，達到完整的模組化架構。但即使在這類情況下，組織採用修改過的企業模組方法還是能得到效率。

## 以模組化企業架構推動企業隨需應變

IBM企業價值研究院建議，金融服務業者應從現在開始進行以模組化企業架構為主的組織變革。模組化企業架構分析的主要目標不是描繪現在如何組織業務，而是揭露組織真正的價值來源。因此，您的企業不會和模組架構看起來一樣，而是根據想要採行的業務類型、企業擅長的領域、組織獨特的競爭優勢、業界中最重要的服務和功能，以及目前沒有內部專責單位處理的功能等觀點來思考。以下考量因素可協助業者思考如何從最初階段一直發展到實施計畫（請參閱下圖）。

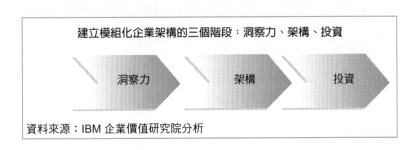

建立模組化企業架構的三個階段：洞察力、架構、投資

洞察力　　架構　　投資

資料來源：IBM 企業價值研究院分析

## 步驟一：洞察力建立模組化企業架構。公司最基本建構的模組為何？

- 將密切相關的活動，結合成緊密的企業元件。
- 將企業模型建構為價值網路，其中含有多個協同合作的專門企業元件。
- 將元件對應到主要實際的處理流程，以測試這個架構。

## 步驟二：架構評估目前業務，並執行差異分析

在業界朝向專業化的趨勢下，模組化企業架構評估可以幫助企業將本身的優點和弱點，對應到動態產業價值鏈上的特定角色。例如企業目前具有的功能是否可因應未來的需求？

- 要判斷每個元件對公司提供的價值，找出可讓公司與眾不同的元件。
- 使用外部可用的效能評估基準，來定義元件的衡量方法。
- 將現有功能對應到未來的需求，找出目前架構所欠缺的功能。

## 步驟三：投資調整各種策略的優先順序，並擬定組織轉型計畫。哪些企業投資能提供最大的價值？又如何說服組織朝向這個目標邁進？

●就每個策略製作詳細的業務計畫。

●評估每個投資策略對業務的重要性、潛在的投資報酬、以及技術可行性，以擬定其優先投資順序。

●利用階段性方法的優點，制定深入的企業轉型計畫。

模組化企業架構是否能幫助您的企業為隨需應變商業環境做好準備？想要深入瞭解，可上網詳細閱讀相關資訊 http://www-1.ibm.com/industries/financialservices/doc/content/bin/fss_bae_component_business_modeling.pdf 〈模組化企業架構：以私人銀行業務為例（Component Business Modeling: A Private Banking Example）〉，其中有您可能詢問的問題，與要從模組化企業架構取得實質成果所應考慮的關鍵因素。

文章出處：IBM金融思維電子報

　　　http://www-901.ibm.com/tw/industries/fss/paper/200408_3.html

資料來源

"Street makes forays into utility computing"，Securities Industry News, Maria Trombly，2003 / 6 / 16

"It's time to flex: Create the organizational and cultural flexibility to do business ON demand", IBM 企業價值研究院，2003

"Private Banking──Rich Advice: In a stronger market, the nation's private bankers find a new voice" Barron's，Aline Sullivan，2003 / 9 / 15

"Uncertainty is certain: Repositioning financial markets firms to operate ON demand"，Dan Latimore、John Raposo、Ian Watson，IBM 企業價值研究院，2003

# 金融服務的人才流失率與成長

Brian Jewsbury，IBM EMEA 金融服務解決方案顧問

想像您有一天來工作時，發現所有的前線員工全都不在且行蹤不明，只剩您和執行長要處理所有的工作。在您的金融服務公司垮台前，您認爲可以撐多久？一週？幾天？還是幾個小時？

這時間絕對比您想像的還要少，所以您一定要相信：員工絕對是最重要的投資對象。如果沒有他們，您就無法經營一家銀行、保險公司或證券經紀公司。但是，爲何許多金融服務業者不願花時間及金錢留住好的前線員工，並確保員工擁有稱職的專業技能及知識？

根據研究，金融服務機構直接面對客戶的員工，其離職率在25%～60%，這是相當驚人的比率。尤其是多數銀行和保險公司已公開承認，員工另尋發展不僅是一筆龐大且持續增加的成本負擔，也會導致客戶服務品質低落。更奇怪的是，許多業者傾向將人才流失率過高歸咎於員工不堪用，而非自我檢討。

# 金融服務的成長關鍵

　　大多數金融服務公司都同意，增加收益和獲利唯一的方法就是不斷提高銷售量，並降低成本。但通常不易看清的是，企業成長的關鍵因素在於員工能否掌握機會運用各種商品，並以敏銳的技巧完成銷售。相較於遠距離的行銷手法，如郵寄、或是電話行銷，銀行與客戶面對面的簡短交談更能顯著地增加收益。這些已知的事實及其他理由，都促使我們重新思考如何部署金融服務員工並留住人才，以增加銷售量、品質及利潤。

　　若要有效解決令人難以接受的高離職率，金融服務業者首先必須了解其所帶來的經濟影響。以銀行分行為例，失去一位可靠員工的總成本可能包括：

- 員工離職程序
- 短期替代職員及出差費用
- 人事廣告、面試、查證資歷、人品及背景
- 新進員工訓練
- 公司制服
- 法規教育
- 人力短缺及新進員工經驗不足導致客戶服務品質降低
- 非法及不當銷售造成企業違反產業管理法規
- 員工短缺和經驗不足而喪失的銷售業績

多數銀行皆未體認到員工離職所帶來的整體成本，因為這

些成本分屬不同業務單位的預算科目，而只有極少數公司嘗試將人員短缺及經驗不足所導致的銷售損失予以量化。事實上，這些各自為政的部門問題，也正是金融服務業者人才流失的主因之一。例如員工通常只負責單一事業單位的工作，且大多與其他單位隔絕，然而，客戶卻期望這些員工可代表整個企業。在此情況下，自然導致系統功能不彰，員工也因無法提供客戶所需而倍感挫折。

## 設想情況

同時，每日固定的交易活動既單調又枯燥，很難使員工發揮主動，運用想像力及個人創意空間。尤其金融服務業的新進員工年紀大多為20歲左右，不太可能有足夠的人生經驗，也不易針對客戶的需求找出適當的商品。

結果呢？員工不願受限於僵硬的體制，而另尋更好的發展。更糟的是，在銀行努力填補職缺的同時，客戶卻得為了3分鐘的交易，而排隊等候20分鐘，因此當然會投向其他銀行的懷抱。

案例研究也指出，公司若聘請較具經驗、能力較佳的員工，雖然要付出較高的薪資，但相較之下，平均每位員工所帶來的收益的確較高，且金融服務業員工若能提供較好的商品知識和服務時，客戶自然會願意建立長期的交易關係。從另一個

層次來看，大多數的金融商品都極為類似，且各銀行間的手續費相當，於是員工的素質、知識、經驗及能力，就是客戶選擇長期交易對象的關鍵。

投資培育員工的好處是十分顯著且合理的。幸運的是，投資之後的實際成果幾乎是直接且顯而易見的。這並非是投資於新的科技或業務，而是以不同的眼光重新審視現有的經營活動，做一些改變以達到稍微不同的結果。

## 解決之道

從為前台服務人員規劃高價值的職場生涯開始，在招募時可依經驗和人格特質，挑選在接受訓練及從工作環境中能快速成長的員工，並以獎勵的方式，賦予員工更大的責任。另外，在整個員工的職業生涯發展，應包括在技術上的投資，以促進各部門的合作；改善員工之間的溝通，激勵出更快且正確的決策；並透過有效率的數位學習，持續對產品及客戶服務提供進一步的教育。

企業若要延攬並留住優秀的金融服務人員，制定員工職業生涯發展計畫時，應注意下列的問題，以及一些特定的思考重點，才能將行動導入正確的方向。

●人才招募：設計招募過程之前應該先想看看，企業要吸引具備哪種特質的人才？公司的網站對年輕人及有經驗的人來

說，是否能提供實現個人夢想及報酬優渥的地方？企業是否只重視學歷文憑？此外，在設計招募流程時，需先確定流程能快速進行，而且不會讓應徵者想去別處應徵。

●銷售能力：企業是否善用網路課程幫助新進及資深員工發揮銷售技巧？是不是連小的分行也能做到？而又如何在面談過程中，看出應徵者具備的銷售技巧？

●客戶知識：許多金融服務公司的資訊系統都提供個別顧客的基本帳戶資料。公司是否鼓勵員工在非正式的會談中取得客戶的詳細資訊？員工是否了解對不同的客戶要問不同類型的問題？以及如何記錄這些資料並供日後使用？

●產品知識：前台服務人員是否獲得公司商品的充分資訊？他們是否知道在何處可以找到資訊？對外開放的資訊是否與內部訊息一致？如果客戶表示對一項商品有興趣，員工是否能以電子郵件繼續追蹤，或安排後續的詳談？

●人生經驗：員工是否了解客戶會隨著年紀和生活環境的改變而有不同的需求？他們是否能賦予商品適當的策略定位？訓練是必要的，而且可以整合數位學習的方式提供持續的在職訓練和發展教育。

●與客戶互動的機會：機會在何處？分行？網路？電話？或以上皆是？企業是否適當地激勵員工，並在找到新的銷售機會時予以獎勵？

●職場生涯發展：不是每個人都想要擔任管理職。企業是

否能提供另一種專業升遷管道，並對再進修、資歷深或是表現良好的員工，提供更好的發展環境？

●學習與技術支援：企業是否整合各業務單位以提升員工培訓？在員工面對職業生涯發展及法規更新時，公司是否能夠靈活回應？重要業務專案的相關教育成本應占專案總預算的10%～15%。員工若能快速且容易地和其他事業單位的同事連繫，就會對自己的能力更有信心，也可快速地回應客戶需求。

投資的算法相當簡單易懂——企業是由員工所組成，有效的員工培訓就是金融服務業者最划算的長期投資，只要在培訓時加上整合資訊基礎架構的輔助，便能減少員工離職的成本，並提升業務，更能保證您在明天走進辦公室時，不會只有執行長和您。

文章出處：IBM金融思維電子報

http://www-901.ibm.com/tw/industries/fss/paper/200406_1.html

# 信用卡：大中華地區消費金融業務價值創造之路

Lin Wei Ping，IBM 大中華區信用卡業務拓展部經理

　　隨著本土及外商銀行瓜分市場，民營及國營企業都積極尋求新的資金，中國的中型銀行正致力於改善財務狀況，以因應未來的成長，而中國政府同時也將消費金融的支出視為國家經濟成長的重點。然而，在鼓勵經濟成長的同時，是否有可能同時提升銀行競爭力？信用卡業務似乎是個答案，不過重點在於銀行是否能比其他競爭對手更早進入這塊市場，並獲得利潤。

## 銀行的成敗在於擴張消費金融業務

　　中國的中型銀行普遍體認到必須速迅地作出經營決策。本土銀行或外商銀行都需要提高自身競爭力，才能爭取資金以支持未來的成長。然而，目前中國銀行業所持有的資產絕大多數集中於企業放款，消費性放款只占極小的比例，更糟的是，估計約有25%的放款沒有清償。雖然中國大多數的銀行都擁有超過百萬的個人存款戶，但對消費金融授信卻缺乏經驗，例如中國人民銀行一直到1999年才初次公布「關於拓展個人消費貸款

的指導意見」，而這份文件全面准許銀行提供消費金融授信於一般大眾，使得銀行的消費性未償放款額，從1997年的21億美元，增加到2001年的848億美元。

然而，中國消費性放款的金額現在仍不到未償放款的10％，而消費金融業務只占了中國各銀行資產的極小部分。由於許多銀行股東紛紛尋求外來投資人加入持股，例如花旗銀行擁有上海浦東發展銀行的5％股權，銀行的投資組合將受到比從前更為密切的監督，各銀行不健全的財務狀況也更為明顯。和中國相反，從1985～1996年正是美國境內消費金融業務和信用卡放款急速發展的年代，各商業銀行的個人放款每年均以8.8％的速度成長。在1995年，個人貸款占了商業銀行總放款餘額的47.3％。直至今日，個人貸款已經是銀行總放款金額的65％。

為了追求獲利並改進整體財務狀況，中型銀行越來越依賴消費金融業務的成功。多樣化的產品組合不但可以減少不良資產的影響，消費金融業務的成長，也可以提高市場競爭力，並幫助銀行帶來更多所需資金的投資。

## 為什麼是信用卡？

銀行的成長要靠消費金融產品，幸運的是，這正好與市場需求相呼應。中國政府已採取擴大個人支出的行動來刺激經濟

成長，包含儲蓄存款要扣繳20%的稅金，以及制定中國國慶日起約一週長的「黃金週」假期。達文西學院（Da Vinci Institute）在2003年10月的高峰會中，將中國的這股信用卡熱潮，標示為可能會影響未來貨幣生態的十大趨勢之一，並預測中國的消費者將很快地習慣信用卡的使用。

除此之外，持續的貿易順差，加上北京政府為了維持人民幣對美金匯率所採取的若干行動，造成貨幣供給增加，形成資金過剩。隨著消費者支出以及信用需求的增加，中型銀行已經找到理想的市場切入點：信用卡。

信用卡除了有足夠的市場潛力，也有一些優於其他消費金融商品的特點：

●風險較低：信用卡將小額放款分散於數以百萬計的顧客，降低了違約風險。

●大量審核流程：企業可以針對整個消費階層推出信用產品方案。

●寶貴的消息管道：從發行信用卡可以得知消費者借貸行為模式，藉此建立專業能力，以便未來移轉到其他的消費性放款。

●獲利空間大：和商業放款與消費者抵押放款比起來，信用卡業務有較高的報酬率。例如，在2003年第一季，美國各發卡銀行的資產報酬率平均為3.66%，是一般銀行業務資產報酬率1.38%的兩倍以上。

●**快速普及**：對於支出一向受限於收入的廣大人口群，信用卡消費將造成生活方式的改變。

總言之，信用卡應收款可為過度集中的放款組合分散風險，並有助於穩定收入及提高銀行競爭力。

## 信用卡業務先天複雜

儘管信用卡帶來的商機有其吸引力，經營信用卡業務卻相當繁複，其作業程序比其他的金融產品更複雜。

●七天二十四小時都有交易需求

●交易次數多且交易量變化大

●授權手續繁複並且不可或缺

既然信用卡是新型的金融產品，其營運作業及處理系統必然有一定的複雜性。例如預防詐欺、解決爭議及扣款等相關的作業程序，就必須通過複雜的信用卡聯合處理中心的作業準則，同時又要追蹤顧客與商家的交易。激烈的市場競爭不斷迫使銀行發展新的金融產品，因此，一個具有靈活、先進的功能的銀行資訊系統便格外重要。

建立這種系統環境是一項極為繁複的工程。在第一張卡發行之前，就得整合許多不同的元件，且在系統上線後，來自各方營運的挑戰將永遠不會停止。隨著各發卡銀行不斷改變其業務需求，一般銀行要維持最新技術的作業環境，則是一大考驗。

## 先占先贏

　　總之，信用卡業務能分散中型銀行的產品組合風險，且在高度競爭的市場環境中開創新局，並改善財務狀況。在拓展新的信用卡業務時，是否能比競爭對手提早進入市場，並先行獲利，便是未來成功的關鍵所在。

文章出處：IBM金融思維電子報

　　　　　http://www-901.ibm.com/tw/industries/fss/paper/200403_1.html

# 金融服務公司如何降低 IT 成本，達到最大效益？

　　金融服務公司投資於IT，可不可能「既要馬兒好，又讓馬兒不吃草」？可不可能透過IT投資，達到最大的營運報酬與管理效率，同時又降低成本、減輕預算壓力？好消息是，這樣的一匹馬已經問世了！一些策略能夠協助金融機構削減 IT成本，將節省的金額投入新專案，在未來能提供永續的企業價值，關鍵在於必須瞭解哪一種組合能為貴公司提供最大的效益，然後選出策略性最高的要素。

## 如果怕熱，就不要進廚房

　　目前金融市場仍然疲軟不振、生產力滑落、消費者惶惶不安、製造商意氣消沈，因此金融機構紛紛重組以削減成本、提高收益。預期股價上漲的心理，繼續推動全球化與合併行動，而客戶對於整合式理財服務的要求，也刺激著對IT整合服務的需求。

　　此外，由於利率下降、利潤縮減，金融機構提高各項手續費用以彌補損失，但這種做法卻可能喪失客戶。基礎架構的戰術性縮減，以及裁員等手段，短期內雖能節省支出，但是在黔

驢技窮之後，金融服務機構會發現，仍然要尋求策略性的成本削減之道。

雖然經濟不景氣的陰影延長，金融服務業仍然是資訊科技的一大買家，產業分析師預測，全球2003年的IT支出將超過1,500億美元。然而在此同時，金融機構的IT投資又遭遇目標矛盾的問題，一方面希望削減IT預算，另方面又希望以IT投資作為提高營運效率的主要憑藉。身為IT經理，而且握有一筆預算，您必然會有壓力，必須達到優良的短期投資報酬。

## 效率相對於效益

IBM及Datamonitor進行的全球研究顯示，大多數金融服務機構投資於IT，目的是提高效率、降低成本，而非視為增加收益的策略。更進一步來說，調查報告顯示，2002年銀行的IT投資中，以效率（也就是成本控制）為主要考量的占47.9%，僅有37%的銀行，將效益（也就是以IT開支當做創造收益的手段）視為主要的目標。

然而矛盾的是，降低IT支出對於金融服務公司的支出／收益比，似乎影響不大。IBM企業價值研究院及Gartner Group的評估顯示，銀行的IT成本（約占收益的8%）如果減少10%，僅能使總支出減少0.9%。保險公司（IT總開支約占收益的3.5%），IT成本如果減少10%的相同降低能使總費用只減少

0.3％；而就金融市場而言（IT開支約占收益的11％），對於總支出的影響是1.2％。一般來說，金融服務公司有兩種管理方式，能夠提高IT價值：

- 削減支出（馬兒不吃草）
- 達到支出的最大效益（馬兒好）

　　不管古諺怎麼說，兩者要兼顧並不是做不到的，也就是既能減少IT支出，同時又能達到最大的投資效益。基本上這個問題是從既有的策略中找出最理想的組合，以符合個別公司的營運需求，同時達到成本/收益比的要求。例如在削減支出方面，金融服務公司可有許多不同的選擇，包括基礎架構合理化、應用程式管理、轉換為開放式標準、IT委外、以及合約最佳化；這些做法主要的影響是降低成本，但是有一點很重要，策略的次要效果可能包括未來的收益及資本利益。

　　在達到支出的最大效益方面，選擇包括了各種機會，例如IT公用服務、直接處理、企業再造、通路最佳化、以及作業流程委外，主要目標是達到最大的價值；其次，在未來也可能獲得削減支出的利益。將組織完整的IT基礎架構合理化，能減少伺服器數量與維護工作，進而降低整體擁有成本，同時提高系統的彈性，協助克服產品快速上市的挑戰。例如某家知名銀行整合IT硬體，將系統成本節省20％，順利擴充網路，納入經銷伙伴與產品部門。

# 節約與最佳化

在應用程式的管理方面，美國某一金融集團必須釋出資本，擴展到重要的新應用程式開發，以及整合的商機。公司同時遭遇開發技術不足的問題，部分原因是某些需要的客戶及營運應用程式上市的速度緩慢。該公司以應用程式組合分析獲得某些幫助之後，就能藉助於效率技術、削減冗餘，來整合應用程式資料庫、推出快速的應用程式開發中心、並減少支出，利用成本較低的全球資源，同時降低開發與維護的成本。這個包羅廣泛的解決方案使推出新功能所需的時間縮短 25%～50%，應用程式生產力提高45%，服務不足的問題則減少77%。這就是節約與最佳化。

# 普遍採用開放式標準

Linux等作業系統能降低軟體成本，同時提高應用程式的整合度，在目前高度合併與併購的時代中，這兩者的效益可能非常大。您還有疑慮嗎？ 那麼考慮一下知名交易公司面臨的困境，他們笨重、異質的作業系統成本驚人，包括應用程式的開發、軟硬體通訊不可靠導致系統中斷、修補安全漏洞等。交易公司採用企業級的e-server、高效能中介軟體，以及Linux這套免費、開放原始碼的作業系統，重組IT基礎架構，提高其彈性與

延展性。這個解決方案不僅降低軟硬體的授權與維護成本，還能提高安全性，快速部署新的應用程式，降低系統管理成本。

同理，將IT需求委外負責，能充分利用策略伙伴的規模與額外的運算能力，長久下來可節省數百萬美元的IT開支。某家知名的金融服務公司面臨預算縮減與管理漏洞百出的問題，他們決定必須大幅削減整體的IT支出，而且除了節省金錢之外，還要把新的事業解決方案加速交付給全球市場，增加營運彈性，提高客服品質。

該公司與IT專家簽訂廣泛的委外合約，整合資料中心與儲存設備，建置了更快速、更可靠的資料網路、實施更精簡的服務策略，將17個服務台縮減成兩個。預計可節約金額：數百萬美元。

在另一方面，支出最佳化策略也能協助削減成本。例子何在？某家中型銀行重新調整IT措施，充分利用隨選即用電子商業，將支票的處理時間從數天減為數秒（這表示能將人員重新部署至更以客戶為焦點的各種活動），而且減少人數，降低資本投資成本。

這種隨選即用，或公用模式，提供了標準化、可延展IT服務的優點，成本可變而非固定。公司只有在有需要之時使用所需的服務，因而軟硬體費用低得多，而且有容量來處理不可預測的需求波動。

另一種不同的最佳化策略，就是「直通處理程序」，例如

某家大型投資銀行將交易與服務流程完全數位化，從而降低錯誤率。交易錯誤率下降不僅能提高客戶滿意度，還節省了改正錯誤而耗費的3,000萬美元成本，以及寶貴的時間。他們採用共用服務的基礎架構來改善效率，結果減少人工處理客戶例外問題的機會，也徹底降低了交易處理成本。這就是支出達到最大效益，並減少成本，因而獲得成功。

在企業再造的長期價值中，IBM建置了線上人力資源與員工服務，不僅將流程成功標準化及精簡化，還提高了生產力，節省了80億美元的成本。

資訊科技公司幾年前評估本身的內部員工服務時，發現欠缺能跨越網站、地理位置、以及各行各業的相關標準，而且人工流程及落伍的舊式系統所費不貲。IBM 整合這些流程，建置經由公司內部網路來遍及整個企業的動態工作空間，為員工提供精簡化、自行服務的途徑，藉此存取教育及事業發展計畫，以及標準化的採購措施。Web中的銷售及服務交易遽增，支援人力能夠裁減達50%以上。

同理，通路最佳化整合了多個不同的客戶與員工通訊通路，填補營運漏洞，一家跨國銀行若能建立遍及組織的客戶需求資訊，協助解決初次遭遇的問題，提高客戶滿意度及客戶保持率，他們當然能順利邁向節省1億5,000萬美元IT費用的目標。

結果這家金融服務公司能夠真正依賴資訊科技，作為提高效率及股東價值的關鍵因素，並能期望將策略性成本的節省金

額，重新投資到整體IT費用的最適化。希望您也能獲得同樣的成果。您心動了嗎？

文章出處：IBM金融思維電子報

http://www-901.ibm.com/tw/industries/fss/paper/200304.html#02

# 亞洲成立共同市場的夢想何時實現？

　　新加坡前總理吳作棟在最近的東南亞國協高峰會議中，提出在2020年之前，將東協轉化成擁有5億人口共同市場的構想，其用意在於降低區域內的交易成本，結果的確有若干人士認為其構想極富創意，但若從全球一片整合浪潮的觀點來看，這並非一項真正全新的概念。

　　事實上整合的浪潮早已淹沒絕大多數的產業，金融市場當然也不例外，甚至其基調也相當類似，就是要降低交易成本以及金融工具交易的相關風險。而整合潮流最顯著的發展，則出現在清算與結算領域，特別是在清算工作上成立集中化的交易相對人組織，負責在交易完成撮合時擔任買賣雙方的交易相對人，同時向買賣雙方擔保完成交割及付款，藉此降低結算的風險。

　　至於證券、衍生性金融工具以及外匯與固定收益等場外交易（OTC）上櫃市場清算整合的另一項優點，在於市場參與人得以透過不同市場間的交叉擔保，使手中的擔保品獲得更有效的利用；例如投資人手中若持有NTT Docomo股票的多頭部位，同時持有日經225的空頭部位，即可透過集中交易相對人淨結雙方面的擔保品需求，一方面降低資金需求，並可藉此降

低交易成本。此外集中交易相對人還有一項好處，就是透過淨額交易減少結算的次數。

金融市場整合的浪潮不僅席捲各國的國內市場，甚至已經跨越國界，而其最主要的吸引力在於可簡化跨國交易的程序，並且降低交易的成本與風險。不過欲達到真正的跨國整合，首先必須整合各方面的科技、法令以及市場運作方式。

## 歐美遙遙領先

全世界目前以美國金融市場的整合程度最為先進，其中由DTCC存券信託清算公司擔任美國各金融市場集中交易相對人的角色，而且在某些方面其運作已經不限於美國本土，而遍及整個北美洲。

歐洲也已經邁上金融市場整合的大道，但因為有若干種相互競爭的方案彼此角力，因此目前仍呈現尚未大一統的局面；例如Clearnet／Euroclear已經在法國、比利時及荷蘭擔任集中交易相對人，整合三國的市場平台；倫敦票據交換所（Crest）主要的服務對象仍侷限於英國市場；而期貨交易結算（Eurex Clearing）則主要鎖定德國及瑞士市場，但仍尚未真正以集中交易相對人的型態運作。不過最近在倫敦票據交換所與Euroclear合併之後，歐洲金融市場的整合已經向前邁出了一大步。歐洲各國的目標當然是希望真正實現歐盟單一市場的理

想，而目前歐元成為單一貨幣的事實，已經消除了貨幣方面的風險，顯然有助於歐洲單一市場的進程。

## 亞洲緊追不捨

亞洲各國目前正在學習全球各主要市場的經驗，準備以兩階段的方式完成整合：

首先必須整合各國國內的不同市場，將原本在不同市場中交易的股票、衍生性金融工具、債券等金融工具，轉而在經過整合的單一市場中處理，以實現交叉擔保、降低交易成本等優點。第二步則是繼續整合各國之間的交易市場，藉以提高跨國交易的效率。亞洲各國目前的主要焦點在於國內市場的整合；換言之，亞洲各主要國家均正積極重建國內的市場結構。

如今已有許多人了解到過去以純粹內部方式，成功運作的單線化經營模式，以及用以處理金融市場工具交易的特殊化專屬系統，已經喪失吸引交易量與資金流通的競爭力及重要性，更無法為市場參與者提供富有效率的交易平台。整體而言，亞洲地區跨國交易的連線能力仍落在歐美之後，更遑論區域性的整合。

# 亞洲各國已朝正確方向邁進

　　目前大多數亞太地區的市場結構仍然以股票、期貨、選擇權、固定收益債券、債務工具、貨幣市場、大宗物資等金融工具的種類劃分，而且一般均透過受政府管制的交易所或場外交易方式從事交易。

　　以下介紹的幾個國家已經展開市場整合的工作，並且準備在國內建立集中交易相對人制度，甚至已開始實施產業標準及開放性科技基礎建設等計畫，逐步向國外資金開放國內市場。

　　澳洲早已將原本各自獨立的六個證券交易所整合成一家澳洲證交所股份有限公司（ASX），率先展開市場整合工作；而且最近還宣布準備以澳洲票據交換所（ACH）的名義經營集中交易相對人（CCP）業務，集中處理股票、認股權證、固定收益債券及期貨、選擇權的清算工作，一旦取得政府的許可，預計將在2004年開始營運。

　　日本的日本證券存託中心（JASDEC）也已經開始逐步將經營範圍擴充到各個市場交易的撮合工作。日本證券存託中心原本僅從事國內股票的清算業務，但從2002年2月開始，即納入了可轉換債券業務，並準備在2003年開始擴大經營期貨、選擇權及公債等業務。

　　新加坡的新加坡證券交易所及新加坡國際金融交易所（SIMEX）原本各自經營股票與衍生性金融工具交易，但已在

2000年合併成立新加坡交易所，目前雖仍以兩個不同市場的型態分別獨立經營交易平台，不過也已展開交易平台的整合工作。新加坡的主管機關正積極推動，以開放式的交易連線取代新加坡交易所原有的專屬系統，藉以提升市場的運作效率。至於在跨國交易方面，新加坡交易所則已開放與澳洲證交所之間的連線，使兩國的交易所會員得以買賣彼此市場中若干種特定的股票。

香港於1999年由「強化金融基礎建設指導委員會」（SCEFI）推動一項改革方案，旨在建立一套能夠將證券、期貨、選擇權及其他透過交易所交易的各種金融工具完全整合的單一清算制度，同時強化金融科技基礎建設，藉以促成各金融市場之間交易的「直通處理」（STP），同時增進跨國交易的處理能力。

在加入WTO之後，中國大陸當局正積極建立一套能將市場整合並提升市場開放程度的適當模式，因此已廣邀各國的專家學者，協助當局了解世界各地主要的交易標準及運作方式。至於韓國及台灣，也已經在國內成立了類似的工作小組。

## 科技扮演的角色──開放式的標準

世人對於有關市場整合的方案早已耳熟能詳，但各國的實際進展卻有快慢之分。目前疲軟的市場局勢或許已經使投資人的胃口有所保留，但同樣重要的是法令上的配合修正，以及主

管機關加速市場整合的政治意願。

　　對於如何提供一套足以促成市場一致化的共同平台，科技確實扮演著舉足輕重的角色。亞洲各國必須儘早淘汰現有的封閉式專屬基礎設施科技，否則即須面臨遭到孤立的風險。在最近某次的研討會中，一位大型基金的經理人即曾指出：造成投資人對亞洲市場裹足不前的主要因素，即在於缺乏提升交易處理效率的開放型科技。

　　在各式各樣的科技標準當中，ISO15022訊息傳輸標準似乎是亞洲各國主管機關最屬意的後處理標準，因為這套標準可促成市場參與人交易結算的開放式連線。此外金融資訊交換協定（FIX）則為促成市場參與人以及交易所之間，前交易處理與交易處理電子連線的優秀選擇。金融資訊交換協定的亞洲地區委員會，預期亞洲市場將在兩年內紛紛採用金融資訊交換協定，如此可望在亞洲仍有許多國家使用電話、傳真及電報等方式人工從事前交易及交易處理之餘，達到改善直通處理的效果。

　　由於環球財務電信協會（SWIFT）正積極推動前述兩種標準，未來金融業勢必加速其引進，並在大量採用之後，真正為市場間的連線提供一套策略性的平台，促成亞洲各國市場的真正整合。

　　除了這些符合國際證券服務商公會建議的訊息傳輸標準之外，亞洲各國市場亦正積極引進另兩種標準化制度，即可提供證券工具編號標準方法的ISO6166「國際證券識別編號」標

準，以及可提供一套協定用以個別識別全球市場中每一參與者的 ISO9362「銀行識別編碼」標準。這些標準一旦完全引進建立，亞洲各國市場將可達到更高的標準化境界，除了在亞洲地區之外，還能與全球各地的市場互連運作。

各國市場基礎建設的改良工作，將促使市場參與者積極更新其本身的科技平台，並且利用直通處理的能力減少人為干預及交易處理中斷的情形。

## 亞洲各國應何去何從？

欲使亞洲各國加速提升市場效率，同時有效吸引全球資金，必須先滿足若干項關鍵前提：

● 亞洲各國必須採取更積極的態度，依照世界通行的主要標準，更新其市場基礎建設。由於老舊科技的傳統包袱極少，亞洲市場反而在這方面占有優勢。

● 亞洲市場的參與者也必須透過取得必要的科技，強化其本身的直通處理能力。倘若本身未具相當的技術能力，則應認真考慮採取外包或租用方式取得。

● 亞洲各國的主管機關必須擁有合作統合市場運作方式、提供健全法令環境的政治意願及積極心態，使亞洲成為對投資人更友善的市場，否則泛亞洲市場的統合將不可能實現。

吳作棟總理的夢想是否得以實現，或許仍須拭目以待；目

前則不妨注意觀察歐洲在這方面的進展，而亞洲則擁有避免重蹈歐洲市場覆轍的優勢。

文章出處：IBM金融思維電子報

http://www-901.ibm.com/tw/industries/fss/paper/200304.html#03

# 許朱勝專訪

## 許朱勝——帶領台灣IBM公司航向隨需應變旅程的總舵手

前經濟日報記者　黃梅英

自掌管台灣IBM公司近五年來，許朱勝即努力結合全球與本土資源，以「e台灣」協助國內企業建立良好的e化典範，隨著時代與市場需求的演進，許朱勝進一步提出「台灣隨需應變」的願景，期以更精緻的商業體質與建構方式，協助國內企業能快速掌握瞬息萬變的商機，並持續擁有國際競爭優勢。

回顧創立於1911年的IBM，自1956年來台設立營運據點至今，歷經近半個世紀，其員工從早期的4人增加到現在的1,500餘人，業務亦不斷蓬勃發展。台灣IBM公司在許朱勝「與台灣共好」的回饋理念下，透過各種科技合作與社會關懷活動，將豐碩的經營成果與台灣社會共享。

# IBM為工作第一志願

　　許朱勝在美完成碩士學業後，選擇進入IBM服務，且工作約二十年後，在人才濟濟的「藍色巨人」圈中，能脫穎而出成為台灣區的領導人，他是否早就做好職業生涯規劃，一步步朝目標登頂呢？而他今日能成為傑出的專業經理人，是否有什麼值得時下年輕人學習之處？

　　許朱勝與IBM的緣份是在台北工專種下的，他在校唸電子工程科系時，學校所使用的電腦是IBM主機，當時就對IBM有初步認知，後來在學校電子計算中心，又接觸到IBM的工程師，對他們的專業留下良好的印象，於是IBM成為他心目中找工作的第一志願。

　　五專畢業服完兵役後，許朱勝旋即赴美攻讀史帝文斯理工學院電機工程碩士，就在他取得學位時，剛好有同學看到校園有張貼IBM總公司為其海外分公司的求才廣告，趕緊告知他去領表填寫，之後被IBM紐約總部告知與台灣IBM公司的人事經理接洽，原本他想要應徵工程師，卻陰錯陽差被安排跟業務部門主管面談，剛好業務部需要人手，一向樂於接受挑戰的他，就這樣順遂地於1982年成為台灣IBM公司的一份子。

## 苦中帶樂的新生訓練

從加入台灣IBM公司至今已二十二年，在這多年的職場輪調生涯中，最讓他銘記在心的往事，其中之一是IBM對新進人員紮實的訓練，再來是被調派東京、香港的歷練，這些對他日後事業生涯的發展受益良多。回憶起往昔苦中帶樂的新生訓練，許朱勝覺得宛如昨日般歷歷在目。

他回想，1982年同一天進入台灣IBM公司一起接受新生訓練的有9人，有5位是屬於業務部門，他是其中之一，大家被安排做為期八個月的培訓，學習的範疇包括技術、產品、個案討論等課程。最讓他難忘的是，有兩次移師到香港，和來自新加坡、泰國、馬來西亞等東南亞國家共48位IBM人齊聚在五星級飯店一起研習，每次約一個月左右。之所以會做如此安排，最重要的是培養新人的自信心，因為IBM業務代表去拜訪的對象大多為企業負責人，建立信心非常重要；而跟不同國籍的人相處，則在於培養日後與全球IBM人有良好的互動關係。

由於香港的研習營，全程都用英語交談，許朱勝覺得不僅讓他的英語能力磨得更為精進，且對信心的建立、人際關係的互動亦獲益匪淺。

從小就好勝心強的許朱勝，是否在進入台灣IBM公司後就鎖定攻頂的生涯規劃呢？他思索一下回答說，可以說「有」，也可以說「沒有」。說「有」，是因為IBM有一套人才培訓機

制，任何一位員工都可依循這個機制來讓自己成長、升遷；說「沒有」，是指沒有特意規劃，但他相信機會是給有準備的人，所以，他做任何事一定是全力以赴去達成，因有用心去做，自然表現就好，一旦有機會出現，就會受到上司的器重。

## 機會是給有準備的人

　　許朱勝當年前往東京接掌IBM亞太區金融業務推廣部處長一職，其實是無意間被伯樂賞識的結果。那是有一次幫台灣IBM公司主管代打，臨時上台在亞太區總部做報告，因言之有物、表現突出，給日本、澳洲籍的上司留下深刻印象，不久，當亞太總部有空缺時，自然想到他可以勝任這個職位，而被提拔上來。許朱勝說，這都要歸功於以前在教育中心當講師時，因接觸各行各業的經營者，促使他認真研讀、吸收很多有關產業知識與經營管理的東西，往後也一直不改其汲取新知的習慣，加上他對資訊科技又很專精，即使臨陣代打也能駕輕就熟地侃侃而談。當時就是因獲得上司的矚目與肯定，才促成他有機緣被派去東京歷練，印證機會是給有準備的人。

　　他說，到IBM亞太總部磨練那二年，每天都是第一個到辦公室、晚上十點多才下班，居然被日本同事形容「比日本人還日本人」，可知他不僅做事認真、一絲不苟、追求完美無缺，還是個拼命三郎的工作狂。

他在東京期間認真的工作態度，深獲上司的讚賞，之後，原本要從東京調回台灣服務的他，又被美國籍上司臨危受命派去接掌香港IBM金融事業群總經理。當時香港金融事業群的業績達成前景黯淡、客戶滿意度不高、員工士氣低落，加上當地金融體系多元複雜，很不好帶領，沒有一個資深主管願意去接這個燙手山芋，深怕處理不當日後會影響升遷。許朱勝心想，不入虎穴焉得虎子，於是接受挑戰，當時很多人都冷眼旁觀地想看他有什麼本事挽救這個團隊。不過，在他深入瞭解狀況後，當機立斷地把在東京亞太總部習得的經營手法帶進香港，經過整頓後，年底業績甚至超過全年目標。一年後，更獲得香港IBM公司頒發年度最高榮譽——「Chairman Award」以表彰其對公司經營的貢獻。

## 勇於接受挑戰的精神

據了解，從1993到1998年的駐外期間，許朱勝的夫人因醫生工作的關係無法隨行，雖然單身赴任，他還是將住家整理的乾淨俐落、棉被折疊的整整齊齊。但是，怕麻煩的他，如果晚上沒有應酬，就會返家以泡麵充飢，四年多下來，至少吃了2,000碗泡麵。

原本臨危授命表現有成之後，上司又想調升他去新加坡IBM工作，然而四年的離鄉背井，他對一子一女（小時候跟隨

外公外婆住在海外）的印象都是靠照片得知，有一次在香港機場看到小孩跑跳的可愛模樣，想到自己對子女是怎麼走路、長大的，印象很模糊，突然覺得若有所失，很想回家過溫馨的生活，就這樣婉拒了去新加坡一展長才的機會而束裝返台。不過，有才幹的人不怕沒有舞台可以揮灑，回台灣一年後，四十二歲的他就被相中成為台灣IBM公司的掌門人。

當年同期進入台灣IBM公司的9人，二十二年後只剩許朱勝一人繼續奮戰，而且還攀登到最高峰，這過程的確不簡單。俚語說「戲棚下站久就是你的」，然而在商場、職場競爭如此劇烈的年代，光靠站得久可能是不夠的，本身必須具備什麼特質，才能夠脫穎而出，那麼許朱勝又是如何做到的？

首先，許朱勝對IBM的企業文化「尊重、負責、誠信」非常認同，加上公司的理念與個人理念又十分契合，自然在IBM工作起來相當愉快。所以，喜歡這份工作，是支撐他長久待下來的力量。至於想要被上司看中栽培成主管，除了本身配合IBM人才培育機制進修外，就是在工作態度上勇於接受挑戰，然後做任何事一定全力以赴、認真執行；再來是要懂得調整心態，尤其是想成為一個好主管來帶領部屬的話，必須先扮演好溝通協調者的角色，而溝通最重要的是釋放自己的成見、樂於聆聽別人的意見、多看別人的優點。

此外，他常抽空閱讀很多與財經、產業、管理等相關的書籍，以及跟外界如客戶、過去的同學等多做接觸，甚至飛到國

外去上進修課程，使自己保持與時俱進的智慧與眼光。然而，身為領導者想創造事業巔峰，光有過人的才智是不夠的，還必須有強健的體魄。從小喜歡玩球類運動的許朱勝，在當上主管後，因忙於衝刺事業而疏於運動，多少感到體重上升、體力卻下降。在察覺這個警訊後，為了給自己一點壓力，他也承諾要恢復運動的習慣，透過跑步來鍛鍊體力。

綜觀上述許朱勝的經驗談，頗值得時下有心向上的年輕人學習。其實，許朱勝在接任台灣區IBM總經理後，還是面對重重的考驗。

他上台後，首當其衝的是「人才流失」這個棘手問題。以前IBM的員工流動率不到3％，然而2000年正逢資訊科技人才搶手、資本市場活躍、以及跳槽挖角之風盛行。那一年台灣IBM公司就走了250位員工，幾乎一天流失一個人，員工流動率高達25％，對他來說是非常大的壓力。為了留住人才，他要求所有經理人員回歸管理的基本面，傾聽員工心聲，協助員工生涯規劃，並創立「eIBMer標竿選拔」，積極鼓勵士氣，肯定員工價值。同時，他提出台灣IBM的願景——「e台灣」及「a company of professionals」有效凝聚全體員工的共識。接著他又決定修改離職金提領辦法，只要做滿五年以上就可提領，這麼做，是希望讓想走的人能開開心心地離開，而想待下來的人願意繼續為公司努力做事。當時上級主管擔心員工會流失更多，然而很慶幸地這個新方案推出後，並沒有人因此而離職。此

外，更努力對離職員工釋出善意，希望他們能成爲IBM力量的延伸，而非銷售的阻力。

在穩住員工的流動率後，接下來是把績效獎金的級距拉得更大，以留住眞正的優秀菁英，淘汰表現不佳的員工。以前IBM對「同一天進來的員工採薪水一致」的齊頭式平等，現在則更依照員工的學經歷背景，而調整啓用薪水。此外，許朱勝也繼續加強對優秀人才的培訓工作，每位IBM員工都有自己的生涯量表，可配合IBM人才培育機制，如網上學習模式，使自己不斷成長。以業務人員爲例，由於他們是IBM核心競爭力的所在，挑選合適的人才來培訓，是非常重要的。通常IBM對這群資訊、電機、商學等領域出身的業務人員，在進入公司歷練四、五年後，會進行「專業」、「管理」的分流計畫。前者是培養業務人員成爲具備獨立作戰能力的資深專業人，後者則是培養業務人員朝向管理領域發展，一旦選定後，IBM便會依其生涯計畫循序漸進地給予相關課程的訓練。

## 帶領知識工作者有撇步

爲了讓手下部屬在帶人方面更能圓融精進，許朱勝除了以身作則地示範給部屬看之外，也將IBM如何訓練專業經理人帶領知識工作者的「撇步」寫成簡要易懂的短文，以供內部主管參考。諸如〈如何爲問題員工把脈〉、〈如何領導團隊創造佳

績〉、〈怎樣扮演好企業經理人的角色〉、〈培養解決問題的能力〉、〈培養決策能力〉、〈打造領導優勢〉、〈適當的授權〉、〈做個敢冒險的經理人〉、〈建立管理風格〉、〈培養經營者變格管理能力〉、〈教練式領導啓發員工潛能〉、〈取得管理風格與組織氣候的平衡〉、〈建立專業人組成的企業〉、〈經理人如何建構事業網路〉等都是內容紮實的帶人典範之作。上述技巧，在知識經濟時代，也是國內企業界不可或缺的人力資源管理知識。

接下來，他的挑戰是培養能獨當一面的部屬，使其個個都能驍勇善戰，尤其更要以伯樂的角色來栽培未來管理團隊的接班人。基於此，每三個月他便從IBM的二十幾個部門，如金融事業群、工商事業群、製造事業群、公共事業群、電信暨流通事業群等，輪流找來一位優秀員工，到他身邊做特助（executive assistant；EA）的歷練。目的是希望具有發展潛力的人，能從公司整體的角度來思量，看做什麼事對公司、對客戶最有幫助，以及公司的資源該如何應用以發揮最大效益，並藉此機會，讓這些特助也能被其他管理團隊所認識。

而他心目中最理想的領導人條件爲何？他認爲，除了必須具備開創性、執行力、溝通協調能力外，使命感也很重要。因爲台灣是個很特殊的地方，若對這塊土地、國家沒有情感的話，是不容易有所作爲的。

## 領導人需具備使命感

　　究竟什麼樣的使命感是許朱勝所抱持的呢？從上任近五年來，他就以「a company of professionals」及「e台灣」兩大願景引導員工朝顧客導向的高績效團隊前進，不但積極透過人才培育機制與對策，打造台灣IBM成為一個兼具深度與廣度的專業人才之企業，同時以嚴謹的業務行為準則貫徹企業倫理道德，並用平衡計分卡、管理策進會落實各項策略與措施。這一切都讓IBM充滿著無限的機會與活力，進而成為客戶的好夥伴及國家的重要資產。此外，他也鼓勵員工與全球IBM的智慧資本資料庫、支援架構及專家接軌，以期能快速地提供豐富且整合的解決方案與專業服務，來配合客戶進行全球化布局，並協助客戶推動企業轉型與提升國際競爭力。

　　同時，為了領導台灣IBM公司積極參與台灣各階段的社會與經濟發展，許朱勝以「e台灣」的願景，期望結合全球與在地資源，以雄心、決心、創新積極投入產業e化工作。從2001年，IBM不但逐步建立「e台灣」的成功案例，也整合全球資源，協助各產業、機構有效因應全球化的趨勢，進而強化自我競爭力及布局全球的美好藍圖。即使面臨全球化競爭、市場需求改變、價值變動等前所未有的挑戰，他仍帶領台灣IBM公司藉由「創新e台灣」，協助台灣企業維持既有優勢、創造和發展新競爭力。

在全球競爭日趨激烈的今天，許朱勝已嗅出未來的趨勢，深切體會組織運作應轉型為「隨需應變」的模式。於是他將「e台灣」進一步演進為「台灣隨需應變」，不僅希望協助客戶享受隨需應變商業的優勢，以提升企業進軍國際舞台的競爭力；同時，激勵整體產業的轉型升級，更可成為政府打造「綠色矽島」的最佳科技助力。此外，為順利轉型至「隨需應變」的業務模式，台灣IBM公司更原有的經營理念進一步深化，倡導「成就客戶、創新為要、誠信負責」的新價值觀，以此形塑員工的特質與行為。

## 台灣必須轉型成「隨需應變」

強調回應力、可變性、專注性、回復力等四大特質的「隨需應變」的業務模式，已陸續在美日等國運作。由於台灣的企業界一向擁有強韌的彈性應變能力，他深信，台灣是有條件可轉型成「隨需應變的國家」，所以，當前台灣產官學界應該認真思考「世界需要什麼樣的台灣？」，在網路科技日新月異下，經濟活動已不再侷限於國家地域中，今後如何有效整合全球的資源與人才，才是重點所在。

許朱勝認為世界需要的是一個能在大中華區、亞太區充份扮演華人資金、製造、人才與文化樞紐與運籌中心的台灣，而這個樞紐的成功關鍵即在於IBM 隨需應變的四大商業條件，也

就是整合、開放、虛擬、自主。這就是他強調的台灣隨需應變願景，以IBM的加值服務，建構台灣成為全球最有效率的營運、技術、創意加值的關鍵平台。

邁向願景的路上，儘管面臨整個經營環境諸多挑戰，但台灣IBM全體員工仍不斷朝願景邁進，並交出頗獲外界肯定的成績單。

## 二度榮獲國家品質獎

許朱勝以台灣IBM公司全面品質管理的領導統御架構為藍本，一步一腳印地領導全體員工落實各項經營策略與管理措施。雖然過去數年的經營環境艱鉅，但他仍以卓越的毅力、前瞻力與執行力，帶領公司在逆境中保持成長，並獲得多方的肯定。

因徹底落實全面品質管理（total quality management：TQM），台灣IBM於1994至2003年間連續八年被《天下雜誌》評選為「資訊服務業標竿企業」。此外，繼1995年獲得第六屆國家品質獎的企業獎後，台灣IBM公司在2003年再獲國家品質獎，這是自1990年經濟部設立國家品質獎以來，台灣IBM公司第二次贏得此殊榮，也創下國家品質獎的新紀錄。

回憶當時獲知得獎的那一刻，許朱勝仍難掩興奮之情，他表示IBM在2003年經歷搬家事件的風風雨雨，評審委員仍將獎

項頒給IBM，可見長期以來IBM秉持「以人爲本」的理念，將「提供顧客最佳服務、追求卓越、贏得尊敬」作爲公司的三大基本信念，已獲得外界高度的肯定。他再三地感謝因過去累積的資產及整個團隊長期的努力，讓這份榮耀再次肯定每位IBM人的辛勞。他也強調專業人才是IBM最大的競爭優勢，期許每一位員工不僅要追求個人卓越，更要成爲值得業界效法的模範。

## 結合員工力量推動企業公民活動

在全球各地，IBM都熱心地參與回饋社會活動，運用本身的資訊科技專長，以及全球豐富的資源，結合員工的力量，將IBM「尊重個人」的基本精神，進一步延伸至關懷社會。對許朱勝而言，公益活動絕不是捐捐錢就了事的工作，他本著取之於社會、用之於社會的觀點，號召員工以樂捐方式捐出午餐津貼，致贈家扶基金會，作爲家扶中心學童們下一學期的學雜費。在這個有意義的活動下，2003年全國共有1,170位小朋友因而受惠；2004年更將募集到的300萬元，全數捐贈家扶基金會作爲敏督利颱風災後重建的兒童生活急難救助津貼。

此外，自2002年起，爲推展「IBM愛必綿延」活動，許朱勝更提議將IBM公司每年一度盛大的內部員工活動「家庭日」（Family Day）與公益活動相互結合，邀請家扶中心小朋友、

育幼院院童與台灣IBM公司將近1,500位員工與眷屬一起出遊同歡。加上響應IBM全球志工活動，他也以身作則和員工一起組成「Man in Blue」（MIB）志工團隊，舉辦「小小探索家夏令營」，協助推廣原住民學童資訊教育，減少台灣學習數位落差。

據了解，許朱勝在員工心目中是個待人親切、友善、不會發脾氣、好相處的紳士，加上說話、做決策也很客觀、公正，給公司員工的方向與目標又很清楚，所以，部屬跟著他很好做事，而他帶領部屬也很輕鬆開心。

至於外界又怎麼看他？他給一般人的感覺是溫文儒雅，可是，媒體界認為，他是個外圓內方的人，像面對同業的挑釁時，其內心強烈的求勝意志，甚至凌駕剽悍的對手之上，這可從近年來新惠普與IBM爭相搶奪台灣第一外商之戰役，看出在商場上其爭也君子的一面。

曾有媒體問他，百年後若有人為他寫墓誌銘時，希望是怎麼寫？他的答案竟出奇的平實──「他是一個很認真過生活的人，因為他，讓很多人變得更好」，事實上，他平日的所作所為也是朝此方向在努力的。

# 臺灣商務印書館「經理人系列」精選推薦書——

經理人02

## 《CEO這麼說

### ——突破變局的領導名言》

**作者/朱家祥　定價/ NT$300**

（團體訂購，另有優惠）

傾聽山姆・沃爾頓；傾聽傑克・威爾許；傾聽華倫・巴菲特……，傾聽全球頂尖CEO的醒世名言重現。藉由作者幽默機趣的筆法，讓您領會突破變局的世紀說服力！

聯合推薦：

朱教授援引了許多經濟學家與華爾街經理人的箴言，其中有深刻、嚴肅、詼諧、戲謔不同的風貌。本書加入了作者個人的評論，用輕鬆的觀點來闡明金融市場的運行法則，如果您是初學的投資人，推薦您把這本書讀一遍。如果您想成為終身的投資人，一年之後，再唸一遍。

台灣金融研訓院院長 薛琦

朱教授的這本執行長雋語錄，提供了數十位專業經理人在企業管理上深刻的體驗，內容生動，發人省思。作者的評論簡潔，但訊息含量高，堪稱擲地有聲。對於時間寶貴，無暇深究大部頭管理理論的經理人，這是一本短時間可讀完，卻又獲益良多的小冊子。

戴爾電腦總經理 石國揚

管理講求的是形而上的原則。無為而治、分工授權或集權管理，不論何種模式，全是原則的運用。專業則是實行的細節。對有相當經驗的經理人而言，這本書具有原則再提示的作用。

王品集團董事長 戴勝益

# 臺灣商務印書館「經理人系列」精選推薦書——

經理人04

## 《協合力

——中衛體系提升企業經營綜效》

**作者/中衛發展中心總經理 蘇錦夥**
**定價/NT$300**
**（團體訂購，另有優惠）**

由1980年代的產業危機，到21世紀的意氣風發，中衛體系是您認識臺灣產業發展、建立企業互信、發揮綜效的典範。從書中所舉個案，讓您瞭解臺灣企業成長的點滴，體會共存共榮的卓越價值！

聯合推薦：

前經濟部長 趙耀東
經濟部次長 尹啓銘
國家品質獎評審小組召集人　林英峰
政治大學商學院院長 吳思華
統一企業集團董事長 高清愿
國瑞汽車董事長 蘇燕輝
英業達集團總裁 李詩欽
工業局局長 陳昭義
華康科技董事長 李振瀛

福特六和總裁 沈英銓
金豐機器董事長 紀金標
新光鋼鐵董事長 粟明德
燦坤實業關係長 張　鈞
力山工業董事長 陳瑞榮
台灣區機器工業同業公會理事長 黃博治
中華民國品質學會理事長 盧淵源
⋯⋯及數十位國內企業名人強力推薦

# 《人生執行力》

**作者/徐桂生**
**定價/NT$300**
**（團體訂購，另有優惠）**

作者自謂平凡的人生中，卻有著不平凡的人生閱歷。因為懂得「戒瞋恨」、「多慈愛」、「知足感恩」，所以即使同所有人一樣受過無數挫折，他卻能看透「得捨得失」，體會到諸事「盡其在己，成事在天」。本書從「心境心靈」自修談起，經「成敗得失」的領悟，「學習成長」的考驗，「職場實踐」的體會，到「人生執行」的精煉，讀者一定可以從他的書中找到自己人生答案。

聯合推薦

希望閱讀過本書的讀者，都能夠關注平凡事，去做別人不願意做的事，即時的把握生命中短暫的光陰，以開拓與創造達到「自我滿意」的不凡生命。

全球華人競爭力基金會董事長 石滋宜

徐桂生先生將一生豐富的成長、學習經驗，誠誠懇懇地寫進本書。他全心投入新聞專業，三十五年「始終如一」。他本人就像一份「有生命的資產」，讀者一定可以從他書中找到自己人生答案。

天下遠見文化事業群總裁 高希均

畢竟作者是一輩子做事的人，因此所有這些道理，最後都歸於他所說的：「作為一『人』最基本的存活之道，就是『知行合一，付諸行動』這句話上」。當今企業經營都在強調「執行力」之際，作為一個人，又何嘗不然呢？

元智大學遠東管理講座教授、管科會理事長 許士軍

本書從「心境心靈」自修起，經「成敗得失」的領悟，「學習成長」的考驗，「職場實踐」的體會，到「人生執行」的精煉，渾然形成一連串的智慧寶珠。

淡江大學管理科學院院長 陳定國

執行力優先，是在職場中修練的最佳法則。若能知己，明白自己的族性，順應著去發揚；又能夠修身，人人自覺、自律，先管好自己，執行力自然提高。

前興國管理學院校長、交通大學教授 曾仕強

經理人系列7　許朱勝談隨需應變

作　　者　許朱勝
主　　編　徐桂生
責任編輯　曾秉常
校　　對　余友梅　曾秉常
封面設計　吳郁婷
書系識別設計　何麗兒
印　　務　林美足
排　　版　辰皓國際出版製作有限公司
發 行 人　王學哲
出 版 者　臺灣商務印書館股份有限公司
地　　址　臺北市10036重慶南路1段37號
電　　話　(02)2311-6118・2311-5538
傳　　真　(02)2371-0274・2370-1091
讀者服務專線　0800056196
郵政劃撥　0000165-1
E - m a i l　cptw@ms12.hinet.net
網　　址　http://www.cptw.com.tw
出版事業登記證　局版北市業字第993號

初版一刷　2004年12月
定　　價：新臺幣290元
ISBN　957-05-1925-8

許朱勝談隨需應變／許朱勝著. -- 初版 . --

臺北市：臺灣商務, 2004[民93]

面； 公分 . --（經理人系列；7）

參考書目：面

ISBN 957-05-1925-8（精裝）

1. 電子商業　2. 產業-臺灣　3. 企業管理

490.29　　　　　　　　　　　　93019193

100臺北市重慶南路一段37號

# 臺灣商務印書館　收

請對摺寄回，謝謝！

# 經理人系列╱讀者回函卡

感謝您對本館的支持，為加強對您的服務，請填妥此卡，免付郵資寄回，可隨時收到本館最新出版訊息，及享受各種優惠。

姓名：＿＿＿＿＿＿＿＿＿＿＿＿＿＿＿ 性別：□男 □女

出生日期：＿＿＿年＿＿＿月＿＿＿日

職業：□學生 □公務（含軍警） □家管 □服務 □金融 □製造
　　　□資訊 □大眾傳播 □自由業 □農漁牧 □退休 □其他

學歷：□高中以下（含高中） □大專 □研究所（含以上）

地址：＿＿＿＿＿＿＿＿＿＿＿＿＿＿＿＿＿＿＿＿＿＿
　　　＿＿＿＿＿＿＿＿＿＿＿＿＿＿＿＿＿＿＿＿＿＿

電話：（H）＿＿＿＿＿＿＿＿（O）＿＿＿＿＿＿＿＿

E-mail：＿＿＿＿＿＿＿＿＿＿＿＿＿＿＿＿＿＿＿＿

購買書名：＿＿＿＿＿＿＿＿＿＿＿＿＿＿＿＿＿＿

您從何處得知本書？
　　　□書店 □報紙廣告 □報紙專欄 □雜誌廣告 □DM廣告
　　　□傳單 □親友介紹 □電視廣播 □其他

您對本書的意見？（A/滿意 B/尚可 C/需改進）
　　　內容＿＿＿＿ 編輯＿＿＿＿ 校對＿＿＿＿ 翻譯＿＿＿＿
　　　封面設計＿＿＿＿ 價格＿＿＿＿ 其他＿＿＿＿＿＿＿＿

您的建議：＿＿＿＿＿＿＿＿＿＿＿＿＿＿＿＿＿＿
　　　　　＿＿＿＿＿＿＿＿＿＿＿＿＿＿＿＿＿＿＿＿
　　　　　＿＿＿＿＿＿＿＿＿＿＿＿＿＿＿＿＿＿＿＿

臺灣商務印書館

台北市重慶南路一段三十七號　電話：（02）23116118・23115538
讀者服務專線：0800056196　傳真：（02）23710274
郵撥：0000165-1號　E-mail：cptw@ms12.hinet.net
網址：www.cptw.com.tw